综合检修
在交直流大电网中的应用

国网山西省电力公司　编

中国水利水电出版社
www.waterpub.com.cn

·北京·

内 容 提 要

　　本书共 7 章，主要内容包括综合检修提出的背景及意义，电网检修管理及检修模式，国网山西电力综合检修实践，综合检修在交直流大电网中的适应性，交直流大电网综合检修协同机制流程及制度规范，综合检修在交直流大电网中的综合效益，最后以结束语的形式对全书内容进行了梳理并提出了对今后开展综合检修的建议。

　　本书内容是对国家电网公司综合检修模式的实践总结，希望能够对国内外电网企业的检修管理有所借鉴和启发。

图书在版编目（C I P）数据

综合检修在交直流大电网中的应用 / 国网山西省电
力公司编. -- 北京：中国水利水电出版社，2016.7
　ISBN 978-7-5170-4582-3

　Ⅰ. ①综… Ⅱ. ①国… Ⅲ. ①电网－检修－研究
Ⅳ. ①TM7

中国版本图书馆CIP数据核字(2016)第174958号

书　　名	**综合检修在交直流大电网中的应用** ZONGHE JIANXIU ZAI JIAOZHILIU DADIANWANG ZHONG DE YINGYONG
作　　者	国网山西省电力公司　编
出版发行	中国水利水电出版社 （北京市海淀区玉渊潭南路 1 号 D 座　100038） 网址：www. waterpub. com. cn E-mail：sales@waterpub. com. cn 电话：(010) 68367658 （营销中心）
经　　售	北京科水图书销售中心 （零售） 电话：(010) 88383994、63202643、68545874 全国各地新华书店和相关出版物销售网点
排　　版	中国水利水电出版社微机排版中心
印　　刷	北京嘉恒彩色印刷有限责任公司
规　　格	140mm×203mm　32 开本　5.5 印张　110 千字
版　　次	2016 年 7 月第 1 版　2016 年 7 月第 1 次印刷
印　　数	0001—4000 册
定　　价	**30.00** 元

编 委 会

前言

随电网技术的飞速发展，国家电网已经进入交直流大电网迅速发展的新时期。国家电网公司"十三五"电网规划总体目标要求：加快建设以特高压电网为骨干网架、各级电网协调发展的坚强智能电网；到2020年，形成西南、西北、东北三送端和"三华"（华北、华东、华中同步电网）一受端的四个同步电网格局，满足全面建成小康社会对电力增长的需求。随着电网结构和设备制造能力的升华，电网在检修工作时如何能更快、更好、更经济地开展，也对传统运检管理模式优化升级提出了新的需求。

"十二五"期间，国网山西省电力公司积极参与变革传统的生产管理方式，探索开展综合检修的管理模式，在交直流大电网中开展省内和跨省市、跨区域的综合检修工作，对于提高运检质效、保障电网安全可靠运行具有重要作用。同时对于提升交直流大电网运检管理水平，提高跨地区甚至跨省的协同配合能力，防范和化解跨区电网系统运行风险也都具有十分重大的意义。

本书共分7章。第1～3章系统阐述了综合检修模式的意义以及综合检修在国内外企业的相关实践。第 4 章建立综合检修适应度模型，以同停设备和同停时间为主要变量，计算综合检修的适应度，指出综合检修与常规检修的临界值，并重点对综合检修在交直流大电网中的应用进行了适应性分析。第 5 章基于项目管理思想，应用系统工程理论方法，提出交直流大电网综合检修全过程管理体系，并提出了跨省市、跨区域综合检修协同工作机制，构建横向协同、纵向贯通工作管理体系。第 6 章构建综合检修效益分析模型，以供电可靠性、安全效益和经济效益为主变量，从理论上对综合检修模式提供了佐证。第 7 章以结束语的形式对全书内容进行了梳理并提出了对今后开展综合检修的建议。

本书内容是对国家电网公司综合检修模式的实践总结，希望能够对国内外电网企业的检修管理有所借鉴和启发。由于时间和水平有限，书中难免有不足之处，敬请各位读者批评指正。

编　者

2016 年 5 月 1 日

目录

第 1 章　综合检修提出的
背景及意义

"十二五"期间，国家电网公司以安全、优质、经济、清洁、高效为目标，加快建设以特高压电网为骨干网架、各级电网协调发展的智能电网；以"三集五大"（即"三集"：深化人、财、物集约化管理，"五大"：建设大规划、大建设、大运行、大检修、大营销体系）管理体系建设为重点，建立适应交直流大电网发展要求的管理体系、运营机制，全面提升运营效率和效益，提升安全效益和社会效益。

电网设备检修是电力企业生产管理工作的重要组成部分，对准确掌握设备状态、及时消除缺陷隐患对提高设备可靠性、保障电网安全稳定运行具有重要意义。随着我国工业化、城镇化的深入推进，国民经济平稳较快发展将带动电力需求持续增长。"十三五"期间，国家电网公司系统将在 2017 年建成"四交五直"特高压工程，2019 年建成"五交八直"特高压工程，2020 年建成"三华"同步电网，形成东北、西北、西南三送端电网和"三华"一受端电网的四个同步电网格局，特高压电网规模呈现爆发式增长。期间，随着区域性的电网技术改造、扩容、市政临时用电等多元化的动态需求与现行的电网设备定期检修、状态检修等的结合，引出了交直流大电网设备检修工作的综合性管理问题。为此，如何统筹安排各方停电计划，提高检修质效，提高人身、电网和设备的安全性，减少停电时间，减少重复停电次数，最大限度地确保电网安全稳定持续运行，已成为当前在交直流大电网中进行综合检修探索应用研究的重要课题。

1.1 国内外检修模式概述

电气设备的检修历程，大致经历了三个阶段，即事故后检修、定期检修（按规定周期进行的定期预防性检修）和状态检修（主动检修或预知检修）。状态检修始于 1970 年，由美国杜邦公司 I. D. Quinn 首先倡议。状态检修是当前耗费最低、技术最先进的维修制度，它为设备安全、稳定、长周期、全性能、优质运行提供了可靠的技术和管理保障。

从国外来看，1970 年以后，美国电力科学研究院（EPRI）就对电力装备的状态检修进行研究和运用，目前已向以可靠性为中心的检修（RCM）发展。日本是从 1980 年以来，对电力装备实施以状态分析和在线监测为基础的状态检修。而欧洲大多数国家也正在进行检修体系体例的改造，目标也是状态检修。

我国从 1985 年开始，清华大学先后着手研究的电力设备放电在线监测系统、水泵/水轮机组运行状态监测与跟踪分析系统等，为我国开展电力设备状态检修做出了积极探索。1990 年以后国内电力企业开始了状态检修试点工作，2001 年 12 月 3 日，国家电力公司（国家电网公司和南方电网公司前身）印发了《火力发电厂实施装备状态检修的指导意见》（国电发〔2001〕745号），进一步推动火电厂实施装备状态检修工作的展开。2003 年，中国电力企业联合会供电分会《状态检修指导意见框架》研讨会在陕西宝鸡召开，确定了状态检修基本框架。2006 年年初，国家电网公司全面开展了状态检修相关准备和规章制度体系建设工作。2007 年，国家电网公司进一步加大了相关工作力度，组织编制了状态检修相关规章制度和技术标准，对状态检修工作进行了全面规范。2010 年起，国家电网公司在公司范围内所有区域电网公司和省级公司（以下简称"网省公司"）全面开展了状态检修工作。但鉴于直流换流站和特高压交流变电站在电网运行中的重要性，仍采用每年定期检修方式。

近年来，我国的电力基础设施建设取得了巨大成果。在山西，随着能源重化工基地的战略地位和"晋电外送"大格局的形成，使得特高压交直流输电发展迅猛，因此，交直流特高压电网设备的检修也就越来越至关重要。为此，国网山西省电力公司（以下简称国网山西电力）在传统的检修方式上进行了创新，并提出了综合检修相关理念。通过多年来的探索和实践，已经形成了比较完善的理论体系和实际经验，即坚持"一年不消缺，三年不年度检修，五年不技改"的管理理念，形成了综合检修组织管理模式。

综合检修是基于"三集五大"体系要求的全新、科学的生产管理方法，根据设备状态评价结果，以"整站、多线，分级分片"为主要停电方式，统筹例行检修、消缺、年度检修、技改、辅修、基建、用户、电厂、市政等停电工作，按照"七三工作法"的要求，统筹人、财、物等各方资源，集中时间和精力，在确保人身电网设备安全的基础上，做到"一停多用"，实现一个检修周期内不重复停电的"两个减少"目标。该模式在聚合检修资源、深化专业协同、开展"设备"会诊、完善后期跟踪方面成效明显。

1.2　综合检修的意义

综合检修管理模式是集中管理、统一调控、优化配置、合理布局的有效科学的检修管理思路。国网山西电力"十三五"期间将承担9项特高压工程建设、维护任务，新建晋北站、晋中站两座1000kV特高压交流变电站，新建晋北±800kV特高压直流换流站，新建1000kV交流线路2976km，新建特高压直流线路

1726km。为此，要充分研究综合检修的意义，探索其范围及关联关系，减小因检修停电所引起的对电网和用电客户的影响，为国网山西电力迎接交直流大电网新常态运检工作奠定基础。同时在充分挖掘自身优势及潜力的前提下，不断完善改进现有运检工作开展方式方法，为省公司、地市公司进一步提高检修质效、强化检修管理水平提供理论支撑。

综合检修有以下意义：

（1）管理创新。基于项目管理思想，应用系统工程理论方法，在电网检修中采用综合检修模式。

（2）模式创新。坚持"一年不消缺，三年不年度检修，五年不技改"的管理理念，综合各种检修模式的优点，统筹各方停电需求，结合设备状态分析结果，制定三年综合检修基准计划和年度滚动修正计划，实现"两个减少"的检修目标。

（3）理论创新。形成了大量的制度规范，形成了一整套综合检修的理论体系。

（4）机制创新。横向协同纵向贯通的协同机制，实现"一停多用"。

1.2.1 综合检修模式的描述

检修模式是指从电力设备检修经验中经过抽象和升华提炼出来的有关提高设备可用性的核心知识体系。核心知识包括检修流程、检修标准以及检修状况的评估；相关知识包括组织管理、技术经济等内容。

综合检修和常规检修是电力企业检修工作中偏重组织管理的工作管理方式，而定期检修与状态检修为偏重周期管理的检修方式，状态检修和定期检修都可以引入综合检修工作理念。

综合检修相对于常规检修管理模式来讲，统筹停电需求的范围更多，停电模式也由"单线、间隔"方式变成了"整站、多线，分级分片"的更大范围的停电模式，目的是"一停多用"；综合检修是计划性的检修管理工作，是以定期检修或状态检修的检修周期（3～5年）为基准，纳入基建、市政、电厂等其他停电需求，年度滚动调整的计划管理工作；综合检修一次检修（不适宜在一个检修周期内组织两次或多次综合检修）就要达到停电设备的全面检修，无死角，以保证"三年不年度检修"目标的实现，在一个周期内减少电网非正常运行时间和人工操作时间的"两个减少"目标；综合检修是聚集资源，突出"七三工作法"和多部门多专业的协同精细化管理的系统工程；在综合检修管理模式中，从检修周期和检修规程方面结合了定期检修和状态检修的技术特点，在管理上得以升华和提高。但在一个检修周期内，一次综合检修代替不了所有的检修工作，常规检修仍然要担负起保障电网稳定运行的任务，且不应为符合综合检修的理念，而导致检修范围及内容贪多求大，产生同停设备过多或检修计划所需资源过多等现象，在本书第 5 章针对综合检修的适应性研究有专门的论述，这里不再赘述。

依据综合检修定义，这种在山西电网得到广泛使用，一线电网技术人员和管理工作者大力推崇的检修模式，更倾向于是一种有效的工作组织管理模式。①这种管理模式植根于山西全国能源基地的特殊战略环境，能够有效解决山西长期以来基础设施建设频繁，服务于全国战略地位的供电压力。②基于项目化的管理理念，采用系统工程方法，横向跨部门、跨专业、跨区域，纵向跨层级，以"两个减少"和检修综合效益最大化为目标，实施电网检修工作组织。

1.2.2 综合检修优点

综合检修是国家电网公司"三集五大"体系建设工作在国网山西电力的全面实践。统筹了大规划、大建设、大营销、大检修、大运行"五大"体系专业停电需求，制定3～5年综合检修滚动计划。根据滚动计划，"大规划"调整三年电网发展规划，与综合检修计划步调一致，提前落实电网新（改、扩）建项目资金；"大建设"对基建工程里程碑计划进行相应调整，确保同步实施；"大检修"重点做好设备状态评价、反措落实、年度检修技改、辅修项目等的整合安排；"大营销"负责高危及重要用户的停电预警告知、协调配合检修等事项；"大运行"落实电网方式调整、做好应急保障；"三集"体系确保人员培训、专家支持到位，检修运维资金到位，工程物资采购及时到位。

总结国网山西电力开展综合检修工作实践：①在理念上，贯彻项目管理思想于电网检修工作当中。因为交直流大电网检修确实存在太多的不确定因素，项目特征十分明显，必须通过项目管理知识体系与电网检修实际深度融合，才能达到电网检修的既定目标。②在方法上，采用系统工程方法，把电网检修看作是一类复杂系统的工程实践，具体体现就是前述"五大"所属内容。③在实践上，在保证供电可靠性基础上，通过较大范围的停电检修作业的开展，更多的大型装备和施工机械的应用，大大降低了人身安全事故风险，有效降低设备安全风险。同时，通过最大限度地运用检修机械设备和专业工具，保证了电网检修质量。

1.2.3　综合检修模式开展情况

综合检修工作模式在成型之前，各个网省公司及下属单位已经广泛进行了相关工作的探索，"集中检修""联合检修"等具备"一停多用""检修资源高度集约""多专业人员配合"等综合检修理念特点的检修项目自2005 年后开始逐步涌现。

国网河南省电力公司（以下简称国网河南电力）于2005 年提出了 220kV 系统集中检修工作模式，并于2006 年 5 月，开展了河南电网 500kV 电网集中检修工作，范围包括 2 座 500kV 变电站、7 条 500kV 线路同时停电，6 个单位参战，8 个电厂停机配合，7 家地市级供电公司同步特巡，13 个作业面，将原有 40d 检修周期压缩至 10d，检修过程中在工作组织、安全管控、专业协同和资源调配方面做出了众多有益探索。

国网浙江省电力公司（以下简称国网浙江电力）于 2011 年开展了宁波 500kV 句章变年度综合检修工作，采取对设备进行全面体检，排查设备运行期间发现的各类安全隐患等手段。并于 2014 年开展了 1000kV 安塘 I 线综合检修工作，涉及铁塔 303 基，检修线路长度 138.7km，主要进行了绝缘子更换、瓷瓶清扫、金具、引流板螺栓紧固等检修工作。

国网辽宁省电力有限公司（以下简称国网辽宁电力）于 2015 年 3 月 23 日开展了丹东 220kV 孔家沟变电站 1 号主变停电作业，该综合检修项目完成了技改、年度检修、综合自动化改造、设备检修、例行试验等工作。

国网新疆电力公司（以下简称国网新疆电力）于 2015 年 6 月 10 日开展了 750kV 凤达线综合性停电检修工作，750kV 凤达线停电检修工作历时 15d，检修区段覆盖玛纳斯、呼图壁、昌吉、乌鲁木齐、达坂城等地区，全长 215.6km，杆塔 462 基，对确保凤达线及疆电外送通道的安全稳定运行具有长远而重大的意义。

国网吉林省电力有限公司（以下简称国网吉林电力）下属松原检修分公司根据综合检修安排，结合春检停电计划，于 2015 年 5 月对 66kV 开展全方位、大力度的检修与消缺工作。这是该公司春检期间首次实施综合检修并尝到了新管理模式的"甜头",切实提高了工作效率,提升检修质效。

从文献检索情况来看,国网河南电力先提出的"集中检修"工作模式具备了综合检修大多数特点,在检修工作组织、专业配合、资源调配和总结评估方面亮点众多。国网浙江电力的综合检修工作模式突出了检修前设备状态有效掌握和各类检修需求的全面覆盖。国网吉林电力、国网辽宁电力和国网新疆电力自 2014 年以来开展了较为成熟的综合检修工作,国网吉林电力和国网辽宁电力以 220kV 交流变电站"整站"检修为特点,国网新疆电力以特高压输电线路"整线"检修为特点。从省外综合检修工作开展情况来看,各网省公司都在开展,综合检修是检修模式发展的必然趋势。

1.3　本 章 小 结

通过回顾国内外有关电网检修的发展历程及相关研究,对电网检修模式进行总结。在此基础上,论述综合检修的实际意义,讨论了综合检修和其他检修模式的共性和区别。

第2章 电网检修管理及检修模式

常规检修管理模式包括定期检修和状态检修工作。国网山西电力提出的综合检修管理模式是常规检修管理模式的升华。

2.1 电网检修的管理现状概述

"十二五"期间，国家电网公司"大检修"体系经历了体系试点、全面建设和深化提升三个阶段，按照"做强国家电网公司、做优省公司、做实地（市）公司"的建设要求，坚持机构扁平化、资源集约化、检修专业化、运维一体化、管理精益化建设方向，建立完善统一制度标准、统一业务流程、统一信息平台、统一绩效考评、统一资源调配运转机制，实现新体系的全面覆盖、上下贯通、横向协同、运转高效和闭环管理。

（1）全面建成"大检修"体系。从2009年"大检修"理论体系建立以来，经过三年的磨合、精炼、优化，到2012年国网山西电力已全面构建了省公司"一部一公司一中心"、地（市）公司"一部一公司"和县公司"一部一工区"的运检组织架构,实现了机构扁平化、岗位规范化、流程科学化、管理集约化的目标。

(2) 有效提升运检人员效率。"大检修"的实施使得输电人员效率比"十一五"末增长 0.06 百公里/人(增长 18.9%)达到了 0.34 百公里/人,变电人员效率比"十一五"末增长 0.68 万 kVA/人(增长 33.9%)达到了 3.37 万 kVA/人,配电人员效率比"十一五"末增长 0.06 百台/人(增长 28.6%)达到了 0.30 百台/人。

(3) 切实加强专业管理。大力推进变电站无人值班及运维一体化,变电站全面实现无人值守,由变电运维班(站)统一实施设备巡视、现场操作、常规带电检测、不停电清扫、消缺、易损易耗件更换等业务。积极实施检修专业化,公司系统 110kV 及以上变电设备全面实现专业化检修,35kV 及以下设备实现轮换式检修,变电检修队伍专业化率达到 98.1%、检修人员专业化率达到 93.8%、检修标准化率达到 99.5%。推广直升机、无人机、人工协同巡检模式,组织跨区重要输电线路直升机巡视。运检专业管理向县公司有效延伸,县公司生产管理系统(PMS)推广应用率达到了 100%,生产技改年度检修项目统一纳入公司综合计划统一管理。

(4) 全面建成通用制度体系。"十二五"期间,以服务"大检修"体系建设为出发点,立足于固化改革成果、保障新管理模式平稳落地和新业务有序运行,建设"纵向贯通、横向协同、全面覆盖、内容精要"的通用制度

体系，发布运维检修管理通则、38 项通用制度，梳理 81
项业务流程，使公司系统运检专业各项活动"事事有规
矩、步步有准则、同岗同标准、同职同规范"。

2.1.1　电网检修的管理制度

在《国家电网公司运维检修管理通则》下，制定了
包含四级规范共 39 个管理规定的系列文件（图 2.1），其
中《国家电网公司变电（直流）设备检修管理规定》《国
家电网公司电网设备状态检修管理规定》和《国家电网
公司输电线路检修管理规定》等是涉及国家电网检修管
理工作的具体规定，国网省级电力公司在国家相关规定
的基础上，结合本省的实际情况，制定了各自的检修管
理规定，以作为电网设备和线路检修工作的依据。

在交直流大电网中建立完善特高压制度标准体系。
编制修订了《防止直流换流站单、双极强迫停运二十一
项反事故措施》《跨区输电线路重大反事故措施》《直流
换流站设备检修、例行试验工艺和质量控制规范》《高压
直流输电控制保护系统技术规范》等标准规范，制定了
《特高压交流变电站运维管理规定》《直流换流站运维管
理规定》《变电（直流）设备检修管理规定》《1000kV 交
流架空输电线路运行规程》《±800kV 直流架空输电线路
运行规程》等管理制度，初步建立了涵盖生产准备、现
场验收、运行维护、检修试验、带电检测、故障抢修、
技术监督、设备评价、备品备件管理、反事故措施等全
过程的特高压及换流站运检制度标准体系。

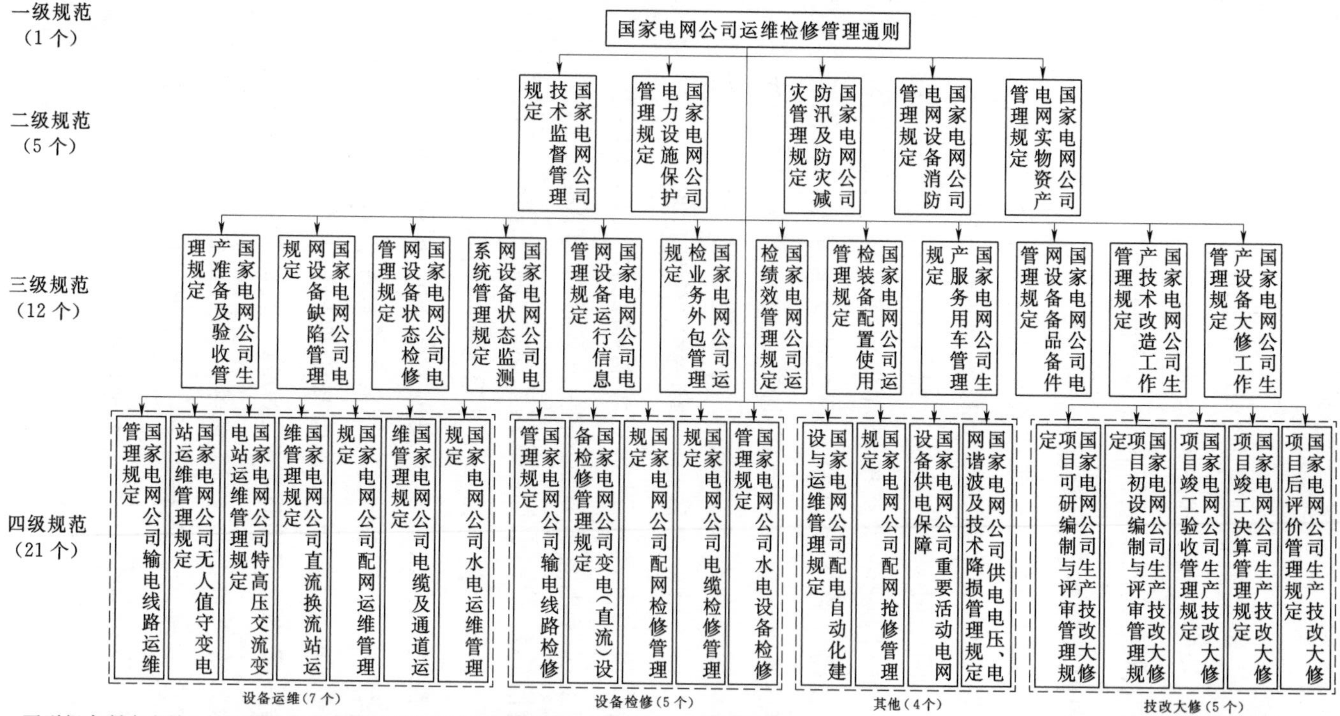

图 2.1 管理制度体系图

左侧分级标注：

一级规范（1个）

二级规范（5个）

三级规范（12个）

四级规范（21个）

顶层：

国家电网公司运维检修管理通则

二级规范：

- 国家电网公司技术监督管理规定
- 国家电网公司电网系统设备状态监测管理规定
- 国家电网公司防灾及防灾减灾管理规定
- 国家电网公司电网设备消防管理规定
- 国家电网公司电网实物资产管理规定

三级规范（部分）：

- 国家电网公司技术监督及验收管理规定
- 国家电网公司电网设备缺陷管理规定
- 国家电网公司电网设备状态检修管理规定
- 国家电网公司变电站运维管理规定
- 国家电网公司直流换流站运维管理规定
- 国家电网公司配网运维管理规定
- 国家电网公司水电运维管理规定
- 国家电网公司电网设备检修管理规定
- 国家电网公司输电线路运行信息管理规定
- 国家电网公司检修业务外包管理规定
- 国家电网公司绩效检修管理规定
- 国家电网公司检修装备配置使用管理规定

设备运维（7个）

- 国家电网公司变电站无人值守运维管理规定
- 国家电网公司特高压交流变电运维管理规定
- 国家电网公司直流换流站运维管理规定
- 国家电网公司配网运维管理规定
- 国家电网公司电缆及通道运维管理规定
- 国家电网公司水电运维管理规定
- 国家电网公司输电线路运维管理规定

设备检修（5个）

- 国家电网公司输电线路检修管理规定
- 国家电网公司变电（直流）设备检修管理规定
- 国家电网公司电缆网检修管理规定
- 国家电网公司配网检修管理规定
- 国家电网公司水电设备检修管理规定

其他（4个）

- 国家电网公司调度技术改造管理规定、供电可靠管理规定、电压电流管理规定
- 国家电网公司重要活动保障管理规定
- 国家电网公司配网抢修管理规定
- 国家电网公司设备运维与自动化建设管理规定

技改大修（5个）

- 定项目立项与评审技改大修管理规定
- 定项目可研编制与评审技改大修管理规定
- 定项目初步设计编制与评审技改大修管理规定
- 定项目竣工验收技改大修管理规定
- 定项目后评价技改大修管理规定

下列规章制度有效，与运维检修管理专业管理制度体系框架的对接关系属于下一步研究范围：

1. 国家电网公司带电作业工作管理规定(试行)(国家电网生[2007]751号)；
2. 国家电网公司配网电网运行环境过程管理办法(国家电网办[2012]668号)；
3. 国家电网公司电网电缆隧道及技术管理规定(试行)(国家电网生[2005]682号)；
4. 国家电网公司电气设备性能监督管理规定(试行)(国家电网生[2005]682号)；
5. 国家电网公司检测技术监督管理规定(试行)(国家电网生[2005]682号)；
6. 国家电网公司金属技术监督管理规定(试行)(国家电网生[2005]682号)；
7. 国家电网公司热工技术监督管理规定(试行)(国家电网生[2005]682号)；
8. 国家电网公司化学技术监督管理规定(试行)(国家电网生[2005]682号)；
9. 国家电网公司绝缘监督与控制系统技术监护管理规定(试行)(国家电网生[2005]682号)；
10. 国家电网公司配网及技术自动化工作管理规定(试行)(国家电网生[2005]682号)；
11. 国家电网公司设备及技术自动化工作管理规定(试行)(国家电网生[2009]362号)；
12. 国家电网公司应急队伍管理规定(试行)(国家电网生[2008]1235号)；
13. 国家电网公司大用电安全管理规定(国家电网办[2010]329号)；
14. 水电厂自动操作系统运行管理规定(国家电网生[2010]329号)；
15. 国家电网公司抽水蓄能电站运维规定(国家电网生[2010]329号)；
16. 国家电网公司油水管网工程技术监督管理规定(国家电网生[2005]682号)。

2.1.2 检修工作相关组织机构与职责

总部层面设"一部一公司一中心",即国网运检部、国网运行公司、国网设备状态评价中心。国网运检部负责国网运行公司、国网设备状态评价中心有关运检业务的统筹。

省(自治区、直辖市)电力公司(以下简称"省公司")层面设"一部一公司一中心",即省公司运检部、省检修公司、省设备状态评价中心(物资质量检测中心)。省公司运检部负责省检修公司、省设备状态评价中心(物资质量检测中心)有关运检业务的统筹。省经济技术研究院、物资供应公司、信息通信公司为支撑保障机构。

地市(区、州)供电公司(以下简称"地市公司")层面设"一部一公司",即地市公司运检部、地市运行检修分公司,二者合署,具有职能管理和实施主体双重职责。地市经济技术研究所、物资供应中心、信息通信分公司、综合服务中心为支撑保障机构。

县(市、区)供电公司(以下简称"县公司")层面设"一部一工区",即县公司运检部、县运行检修(建设)工区,二者合署,具有职能管理和实施主体双重职责。

根据《国家电网公司运维检修管理通则》规定,国家电网各级公司按电压等级负责组织开展变电站、换流站运维、检修的对应关系如图2.2所示:

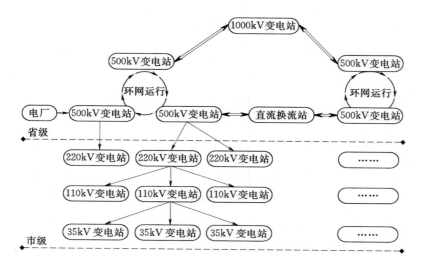

图 2.2　设备运检范围示意图

　　总部运检部层面负责±800kV 及以上特高压换流站运检管理。

　　国网运行公司负责部分±800kV 直流换流站运维。

　　省公司层面主要承担直流输电线路、部分±800kV 和±660kV 及以下直流换流站、500（330）kV 及以上交流输变电设备，以及部分集约的 220kV 输变电设备运检及管理。

　　地市公司层面主要承担 110（66）～220kV、市区和市郊 35kV 及以下电网设备运检，以及集约的县公司 35kV 变电设备运检业务。

2.1.3　检修管理流程概述

　　国家电网规定的检修管理流程包括 3 个二级流程和

17 个具体流程，二级流程主要包括设备检修管理、状态检修管理和运检绩效管理，见表 2.1。每个具体流程规定了检修计划的制订、准备阶段、实施阶段和后评估阶段各阶段上级部门、本级部门的职责与流程。

表 2.1　　　　　　　检修管理流程表

一级流程	二级流程	具 体 流 程
检修管理流程	设备检修管理	变电(直流)设备检修管理流程(见附录2)
		变电（直流）设备抢修流程
		输电线路检修管理流程
		配网设备检修管理流程
		配网故障抢修管理流程
		电缆检修管理流程
		20kV 及以下电缆故障抢修管理流程
		35kV 及以上电缆故障抢修管理流程
		水电设备检修管理流程
	状态检修管理	状态检修工作管理流程
		电网设备状态信息收集流程
		电网设备状态评价管理流程
		电网设备状态检修计划编制管理流程
		状态检修计划实施标准管理流程
		现场标准化作业执行管理流程
		电网设备状态检修绩效评估管理流程
	运检绩效管理	运检绩效管理流程

2.1.4 运检专业目前存在的问题

"十二五"期间，特高压电网规模呈现爆发式增长，运维检修任务艰巨，运检专业在推进公司"两个转变"、建设"一强三优"现代公司过程中虽然发挥了重大作用。但随着电网的发展：①强直弱交电网对安全运行带来的压力，目前特高压电网呈现"强直弱交"结构，直流故障下存在受端交流支撑不强、潮流转移能力不足、电压支撑弱等风险，安全运行压力巨大。②特高压快速发展对运检工作带来挑战，如全国电网在 2017 年建成"四交五直"特高压工程，2019 年建成"五交八直"特高压工程，2020 年建成"三华"同步电网，形成东北、西北、西南三送端电网和"三华"一受端电网的四个同步电网格局，特高压电网规模呈现爆发式增长。

再加上科学技术的提高和进步，整体上在特高压电网和配电网管理上还存在"两头薄弱"问题，在运检智能化、信息化方面应用还比较滞后，机制体制也有待进一步优化调整。暴露的问题主要表现为以下两方面：

（1）考虑到人力资源的限制，现有需要大量人员投入的运检模式无法适应特高压电网快速增长的要求，部分单位运维人员对特高压技术的掌握仍待提升，对特高压运检工作带来挑战。

（2）考虑到特高压输电需跨省跨区域联合检修的特点，需要国家电网公司发挥各专业管理部门的横向协同，向下涉及国网省级公司的纵向贯通。

因此，如何建立高效的检修机制，更好地聚集人才和技术设备等检修资源，使之能很好地应用到项目中去以确保电网的可靠运行，做好特高压交流和直流换流站的检修计划、准备、实施和后评估阶段的工作等，仍有许多工作要做。

2.2　交流 750kV 及以下输变电设备检修模式现状

以可靠性为中心的检修（RCM）是针对设备预防性维修需求，优化维修制度的一种系统工程方法。其基本思路是：对系统进行功能和故障分析，明确系统内故障后果的预防性对策，用规范化的逻辑判断方法，通过故障数据统计、专家评估等手段，在保证安全性和完好性的前提下，以维修停电损失最小为目标优化系统的维修策略。

状态检修是可靠性维修技术在电网检修技术中的具体体现。状态检修是以安全、环境、效益等为基础，通过设备的状态评价、风险分析、检修决策等手段进行设备检修，从而确保设备可靠运行、检修成本更加合理的检修模式。在开展状态检修故障中，省公司层面输变电设备状态检修主要是在各种检修试验装备和在线检测手段得到广泛应用的辅助管理信息系统为支撑的前提下，以设备状态评价为基础，以现场标准化作业为保障。

状态检修是一个综合性的决策过程，它区别于以往的故障后检修和定期检修方式之处，是利用预防性实验、在线监测、历史记录以及同类设备家族缺陷等全过程的数据资料，通过状态评价和最佳策略的选择等多种技术手段和经济手段来综合评价电网设备的当前状态。

状态检修体系主要包括状态评价、风险评估和检修策略。科学、客观的状态评价是进行风险评估和确定检修策略的必要条件，风险评估是承上启下的关键步骤，制定检修策略是状态检修的最终目标，并预测事态的发展，从而制定设备检修计划，是一种动态优化的过程。与故障后检修和定期检修相比，状态检修可以节约大量的设备维护资金和停机检修时间，使现有的运行设备创造更大的安全经济效益。

2.3　交流特高压及直流输变电设备检修模式现状

2.3.1　交直流大电网特点

特高压交流定位于输电与电网网架构建，特高压直流定位于输电，但需要特高压交流支撑正常换相，因此特高压交直流系统只有容量和能力匹配才能保障电网安全稳定运行。目前特高压交直流电网处于发展过渡期，呈现"强直弱交"的局面，特高压直流输电发展相对较快速，而特高压交流电网相对薄弱。特高压直流输送电力既需要通过交流电网进行聚合，又需要通过受端电网进行功率疏散，因此直流的安全稳定运行与两端交流电网输送能力密切相关。随着大量高压直流输电和灵活交流输电系统的投运以及间歇性新能源发电的接入，国家电网的物理形态和运行特性都发生了显著变化，电网间电气联系更加紧密，直流送受端系统相互作用、交直流系统相互耦合、特高压系统与 500kV 电网相互制约，电网一体化运行特性更加明显，电网安全稳定运行风险和控制难度日益增大，因此只有科学先进的设备检修管理模式才能强有力的保障电网安全、有序、健康发展。

（1）交直流输电技术特点。交流输电工程具有网络功能，中间可以落点，可以根据电源分布、负荷布点、输送电力、电力交换等实际需要构成电网。

其中特高压交流输电具有输电容量大、覆盖范围广的特点，为国家级电力市场运行提供平台，能灵活适应电力市场运营的要求，且输电走廊明显减少，线路、变压器有功功率损耗与输送功率的比值也相对较小。

直流输电工程主要以中间不落点的两端工程为主，可点对点、大功率远距离直接将电力送往负荷中心。直流输电可以减少或避免大量过网潮流，按照送端、受端运行方式变化而改变潮流，潮流方向和大小均能方便地进行控制。从经济和环境等角度考虑，高于 ±600kV

的特高压直流输电是远距离、大容量输电的优选方式，但高压直流输电必须依附于坚强的交流电网才能发挥作用。

直流输电适用于超过交直流经济等价距离的远距离点对点、大容量输电；"背靠背"直流输电技术主要适用于不同频率的系统间的联网。交流输电主要定位于构建坚强的各级输电网络和电网互联的联络通道，同时在满足交直流输电的经济等价距离条件下，广泛应用于电源的送出，为直流输电提供重要的支撑。

（2）交直流混合电网特征。特高压交直流混合电网是指在超高压交流电网的基础上采用了 1000kV 交流和 ±800kV 及以上直流特高压并联同步或异步输电的输电网。1000kV 特高压交流输电为直流多落点馈入系统提供坚强的支撑，可有效降低发生大面积停电事故的风险，有利于节省输电走廊，具有可持续发展的特征。而在交直流并联输电的情况下，利用直流功率调制等控制功能，可以有效抑制与其并列的交流线路的功率振荡，明显提高交流系统的暂态、动态稳定性能。特高压电网承载能力强，能够实现电力大容量、远距离输送和消纳，能够保证系统安全运行，具有抵御各种严重事故的能力。

2.3.2　交流特高压输变电设备检修模式现状

目前国家电网公司特高压电网"弱交强直"的电网格局、直流输电的特征以及特高压交直流设备的重要性，决定了 1000kV 交流特高压变电站和直流输变电工程的每年定期检修的管理模式现状。

特高压交流系统每年定期检修模式，1000kV 输电线路随特高压变电站同步进行检修。站内设备可采用 1000kV 及 110kV 系统全停，或采用两台主变及相应 110kV 侧设备轮停方式。特高压变电站 500kV 系统采用状态检修，根据变电站或相应输电线路状态评价进行检修。

2.3.3 直流输变电设备检修模式现状

换流站设备与交流变电站设备相比较具有其特殊性：直流输电设备充气充油绝缘多，经过大负荷运行难免会有密封件老化泄露，阀冷却、空调、风机等辅助设备旋转件易磨损，测量表计故障等常见问题。由于各种设备间联系紧密，闭锁风险大，更换等维护工作需要采用停电检修以降低停运几率。因此正确的换流站设备检修方式，对设备的健康状况、运行性能及安全经济供电影响极大。

目前直流输电系统仍然采用定期检修方式，每年安排全站检修，集中开展年度检修（时间一般是 10d）。这种方式安全、可靠，方便安排集中消缺。

特高压换流站的年度检修方案可分为 2 种模式：①全停模式，即直流双极停电，交流场全停、交流滤波器场全停，全站站用电由连接至站外的 35kV 站用电供给；②单极轮停模式（"4－8－4"模式），此模式为极

1 停电 4d 开展检修工作，然后双极全停电 8d，接着极
1 先恢复送电运行，最后极 2 保持停电状态 4d 继续进
行检修工作。两种典型停电检修方式的工期在经济性、
危险点及作业风险、现场安措布置、验收送电等方面各
有特点。

　　两种检修模式主要考虑因素是在全站停电时间内完
成所有检修预试工作不超期完工，这实际是基于全站停
电在经济性和对电网稳定性的影响；另一个重要方面是
不同检修模式下安全性的考虑，即在作业前对作业中可
能存在的危险点进行分析判断，并根据危险点分析结果
采取相应措施以加强安全防范。在年度检修工作中，涉
及常规检修试验和特殊性检修试验技改等工作，工作任
务重，工作面多，现场协调工作复杂，安全管控压力
大，检修过程中人员、系统、设备、机具的安全性都是
要考虑的重要因素。

2.4　交直流运行相互影响因素分析

2.4.1　交流系统对特高压直流系统运行的支撑作用

　　特高压直流输电输送容量大，其安全稳定运行性能
与送端、受端交流系统电气强弱有密切关系，主要表现
在以下几个方面：

　　（1）送端、受端交流系统给直流输电系统的整流器
和逆变器提供换相电压，创造实现换流的条件。

（2）送端、受端交流系统是直流输电必不可少的组成部分，送受端交流系统作为直流输电的电源，提供传输功率；而受端交流系统相当于负荷，接受和消纳直流输送功率。

（3）送端交流系统具有足够的强度，一方面可以为直流系统整流站提供足够的无功和电压支撑；另一方面，承受由直流输电系统增长而带来的有功和无功功率冲击的能力强，可以减少由于直流输电系统故障而需要切除的送端发电机台数。

（4）受端交流系统的强度，对于直流输电系统的安全稳定运行具有重要作用，特别是当多回直流输电线路集中落点于受端系统时更是如此。如果受端交流系统具有足够强度，则虽然在交流系统发生严重故障时存在多个逆变站发生换相失败的可能性，但故障消除后交流系统电压能迅速恢复，直流系统也能迅速恢复正常。因此逆变站发生换相失败后，不需要马上实行闭锁保护，如果采取适当措施，还可以加速这一恢复过程，防止发生继发性换相失败。但对于比较弱的交流系统，在发生严重故障后，交流系统电压不能恢复正常，多个逆变站会发生连续换相失败，将进一步恶化交流系统的运行，发生系统稳定破坏。同时，如果直流输电系统故障导致直流单极或双极闭锁以后，坚强的受端交流系统能够承受由此而引起的功率突变的冲击，系统运行电压和频率能够保持在正常范围内，可以防止切负荷的发生，因此可尽量减少负荷的损失。

2.4.2　特高压直流对电网安全稳定影响

特高压直流对电网安全稳定影响主要通过两方面体现：①交流系统故障使直流系统不能正常运行，从而影响电网的安全稳定。②直流系统本身故障引起大容量功率转移到交流通道，继而影响电网的安全稳定。因此，特高压直流对电网安全稳定影响的核心就是交直流并联系统中交流和直流系统相互影响的问题。

高压直流输电的特点是其逆变侧换流器在交流系统故障时会出现换相失败。此时的故障特征与以同步发电机为电源的同步交流电网明显不同，且故障暂态过程中的谐波分量、等值序分量阻抗及向交流系统注入的序分量电流等都具有自身的特点。尤其是随着多馈入直流输电的出现，交流系统故障可能会同时引起多个逆变站发生换相失败，其故障特征与纯交流电网相比差异非常显著。

交直流并联运行系统中，直流故障将导致直流功率转移到并联运行的交流通道，当交流通道不能承受转移的直流功率时系统失稳。特高压直流规模越大，其单极或双极闭锁故障后转移到交流通道的功率越多，对系统稳定性影响就越大。直流故障对系统稳定性影响与直流规模相关。

（1）对系统电压稳定的影响。直流系统在换相过程中需要吸收无功功率，在其他条件不变的情况下，直流输电功率越大，吸收无功越多，母线电压下降也越大。在正常运行条件下，直流系统消耗的无功功率主要由换流站内的交流滤波器、电容器等无源补偿元件提供。当系统故障时，将产生暂态电压波动，运行条件的变化会引起无功补偿出力的变化。这些元件是否能够提供直流系统所需的无功功率将直接影响交直流系统间无功功率交换的大小。如果交流系统不能满足直流系统动态无功的变化，交流系统会出现电压失稳。由于特高压直流输电功率大且密集馈入负荷中心，因此对受端系统的无功平衡能力和电压稳定性提出了更高的要求。此外，直流单极或双极闭锁引起功率大幅转移至交流通道，使得交流系统无功消耗大幅增加，进而恶化系统电压稳定水平。

（2）对系统频率稳定的影响。直流系统输电功率越大，受端交流系统接受单回直流馈入功率所占负荷比例越大，此时直流系统换相失败等故障引起的输电功率大幅波动将对直流送端、受端系统产生较大冲击，会影响到系统的频率稳定性。因此直流输送的功率由于与其相连的交流系统的特性而存在上限，该上限与交流机械转动惯量常数有关。在交直流并联接入方式下，交流输电系统要有坚强的网架结构，具有大功率输送能力，且有较高的稳定裕度。当直流系统发生故障时，将转移一定功率至交流输电通道，以减小送端切机和避免遭受负荷损失，但交流线路和变压器有可能存在过载问题，同时交流系统电压因潮流加重而下降，为此需要维持一定的合理输配比例，以保证系统正常运行和直流系统正常换相。当交流线路出现故障后，可利用直流系统功率提升能力和中长期过负荷能力以减小受端系统的负荷损失，从而降低系统频率失稳的可能性。

2.4.3 交直流系统综合检修影响因素分析

特高压及跨区电网运行主要呈现以下特性：

（1）交流与直流系统耦合程度增加。特高压直流大功率送电时，直流再启动、换相失败等故障可在跨区跨省交流联络线造成 400 万～500 万 kW 的潮流转移，逼近交流系统的承载极限。

（2）特高压直流送受端相互作用进一步显著。"强直弱交"结构下，直流受端交流系统 N-1 引发多回直流同时换相失败，对送端系统冲击现象加剧。

（3）特高压交直流与 500kV 电网制约程度加剧。在特高压网架形成过渡期，特高压电力汇集和疏散主要由 500kV 系统承担，500kV 输电通道潮流重载问题突出。

直流输电受送受端电网约束，需要坚强的交流电网支撑，需要相互配合开展综合检修。直流输电工程正常运行时输送功率较大，而在其定期停电检修时，送端电网电厂外送电量大幅减少，受端电网接收负荷相应减少，此时电厂及变电站可以配合开展综合检修，实现在换流站检修时，同时进行线路、送端电厂、周边变电站及受端变电站的综合检修。这样在保障电网安全情况下，统筹直流输电系统、电厂、及送受端交流电网的停电检修，实现减少作业风险和对周边电网、电厂的影响，从而实现"两个减少"。

2.5 本章小结

本章在梳理国家电网公司组织机构及层级关系基础上，总结我国电网基于不同电压等级检修模式情况，介绍了我国有关电网检修协同管理的制度和流程，系统地介绍了目前我国交直流特高压电网运行和检修的现状，分析了交直流运行、检修相互影响因素。

第 3 章　国网山西电力
综合检修实践

国网山西电力下设省检修公司及 11 个地市级供电公司、99 个县级供电公司，供电区域覆盖全省除 12 个趸售县以外的 108 个县（区），担负着山西省 3580 万人民的电力供应，以及承担着向京津唐、河北、江苏、湖北、山东等地外送电力的重要任务。山西电网主网架形成了以 1000kV 特高压为核心，6 个通道、13 回线路的外送格局，以 500kV "两纵四横"为骨干网架，220kV 分片运行，110kV 和 35kV 及以下电压等级辐射供电的网络格局，在全国能源资源优化配置中发挥着重要作用。

3.1　综合检修项目管理理念的形成

近年来，国网山西电力在持续深化"大检修"体系建设的过程中，在状态检修模式难以满足电力形势发展的客观背景下，对电网设备停电检修模式进行了积极探索，以"两个减少"为出发点，以提高电网设备检修的社会效益、安全效益和经济效益为目标，提出了基于项目管理理念的综合检修工作管理模式。

从综合检修项目的组织机构来讲，涉及上级公司的调度和检修部门，本公司的综合检修单位及各专业部门，外围扩大到厂站、用户和市政等；纵向涉及下级电力公司，形成了一个多利益相关者组成的全方位的机构组织；检修内容需要统筹各方面的停电需求，确定综合检修主变电站和相关变电站设备的检修范围，达到"一停多检"。为此项目计划管理方面按照统筹规划分步实施的原则，采用工作分解结构（WBS）（图 3.1），研究检修工作范围内的细小工作单元，用"七三工作法"充分考虑到每一个细节的前期准备工作，最大限度地缩短停电时间，使得在停电期间检修工作效率达到最高。项目的实施进度和作业质量控制方面，以项目关键作业时间路径为进度控制要求，串行和并行相结合工序控制，现场检测和事后检测以及作业绩效评估方法的结合以确保检修质量。项目的人力资源和成本管理方面，在本级或更大范围内聚集专业人才和设备资源，按项目要求调拨。项目风险管理方面，采用"整站停电""分级分片停电"和"多站停电"等方式，使得检修人员和设备安全风险降到最低。

项目的沟通管理尤其是跨级别跨单位的沟通是一个管理难点，国网山西电力充分考虑各方需求，以制度为基础，共赢为目标，平衡计划，反复讨论，给予资源协调与支持，真正达到横向协同和纵向贯通的效果。综合检修是横跨前期准备、计划方案编制、检修实施和结项后的效益评价等项目全生命周期的管理过程，通过不断实践逐步形成了一整套综合检修项目化的管理工作体系。

综合检修项目工作分解结构如图 3.1 所示。

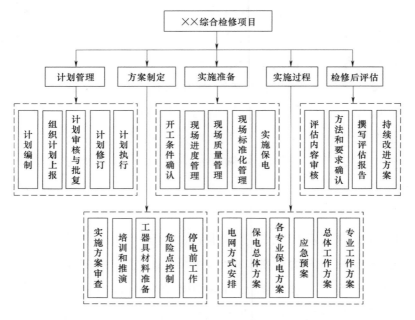

图 3.1 综合检修项目工作分解结构

3.2 国网山西电力综合检修工作情况

截至 2015 年 6 月，国网山西电力下属省检修公司及地市公司共开展了 88 次综合检修工作，其中 1000kV

2 次，500kV 5 次，220kV 及以下 81 次，实施过程中不断发现并解决问题、总结经验、完善提升，最终取得了良好的效果并得到国家电网公司认可。

3.2.1 省检修公司综合检修工作开展情况

（1）基本情况。截至 2015 年 6 月，国网山西省检修公司共开展综合检修 7 次，其中 2011—2013 年各 1 次、2014 年 4 次。综合检修以 1000kV 特高压长治站年度综合检修为基础，逐步向 500kV 变电站进行推广和应用。1000kV 特高压长治站实施 2 次综合检修，采取 1000kV 及 110kV 同一电压等级设备全停、500kV 电压等级设备对半轮停的"分级分片"停电方式。500kV 忻都站、500kV 海会站、500kV 福瑞站和 500kV 雁同站综合检修各 1 次，采取全站设备轮停、"分级分片"停电方式（详见 3.3.1 1000kV 综合检修）。

（2）省检修公司综合检修工作特点。省检修公司开展的 1000kV 及 500kV 交流综合检修项目受设备重要性、计划编制的复杂性和检修工作质效要求高等因素影响，前期主要是以试点开展为主，1000kV 综合检修项目以定期检修方式开展，500kV 交流综合检修以状态检修方式开展，逐步积累总结工作经验。目前来看，其特点：①有效统筹定期检修工作，综合检修计划编制时统筹考虑长治站年度检修期间例行检修、特殊检修、反措、技改、消缺、通信设备以及需停电进行的辅助系统设备检修等实际情况。②科学选取停电方式，根据停电检修的经济、安全和社会等方面效益情况，制定 1000kV 及 110kV 同一电压等级设备全停、500kV 电压等级设备对半轮停的"分级分片"停电方式，一定程度上实现了检修工作质效最优。③合理优化项目工期，基于"七三工作法"将历年 15d 停电时间优化至 10d，减少停电时间的同时提高特高压长治站安全稳定运行水平。

3.2.2　地市公司综合检修工作开展情况

（1）基本情况。截至 2015 年 6 月，国网山西电力各地市公司共开展综合检修 81 次。2010 年，山西电网共计完成"万荣""张礼"等 6 个综合检修项目，开展的地市公司包括运城公司、临汾公司等。2011 年，山西电网共计完成"平顺""右玉""浑源"等 11 个综合检修项目，开展的地市公司包括长治公司、朔州公司和大同公司等。2012 年，山西电网共计完成"昔阳""北田""闻喜""娄烦"等 4 个综合检修项目，开展的地市公司包括国网晋中、运城和太原等供电公司。2013 年，山西电网共计完成"凤凰""刘村""北田""杏园—蒲光电厂"等 18 个综合检修项目，开展的地市公司包括国网长治、临汾、运城、大同等供电公司。2014 年，山西电网共计完成"古交""静乐""阳泉""王家峪"等 30 余个综合检修项目。2015 年 6 月前共完成"梁村""杨家堡"等 17 个综合检修项目，综合检修项目已涉及全部 11 个地市公司和省检修公司。

上述情况表明，国网山西电力在地市区域综合检修工作开展上，已实现了全面覆盖，且工作开展数量、统筹停电范围、机制协同深度上逐年提升，以 2014 年为例，开展的 30 余次综合检修工作中，"整站"检修 5 次，部分停电检修 2 次，涉及厂站用户的联合检修工作 7 次，其中与电厂协同 6 次，与用户协同 4 次。

（2）地市综合检修工作特点。纵观 2010 年以来国网山西电力各地市公司开展的"220kV 综合检修"工作情况，从规模及范围上有着明显的普遍化、集约化和合理化开展特点。①工作覆盖范围逐步扩大，从部分地市的个别变电站开始摸索到 2014 年 11 个地市的全面开展，一定程度上反映了新的检修模式的先进和实用。②工作开展深度持续加深，从综合检修工作单间隔多设备同步检修发展到整站、整线、各类停电计划统一考虑、最优配置，突出反映了综合检修模式的高效集中、一停多用特点。③工作开展颗粒度不断细致，从最初的设备常规检修跨步到设备缺陷隐患全消除和反措项目全落实，真正做到设备检修无死角，有效提升了设备修试质量。

3.3 典型案例实证分析

3.3.1 1000kV 综合检修

（1）项目概述。2014 年度长治站综合检修涉及电气设备主要包括 1000kV 主变压器 7 台、高抗 4 台、GIS 配电装置 7 个间隔、500kV HGIS 配电装置 14 个间隔、110kV 配电装置及低压补偿装置、站用电设备、串补平台电容器、MOV 设备、管形母线、旁路断路器、支柱绝缘子及全站所有二次系统；长治站辅助系统包括消防系统、空调系统、水系统、站外电源、工业电视及红外热成像在线监测系统等。为保障特高压系统的安全稳定运行，提高设备的运行可靠性，1000kV 长治站 1000kV 系统实行每年一次的例行停电检修，500kV 线路间隔设备配合省公司停电计划安排检修。

（2）涉及范围及统筹需求。2014 年度长治站综合检修涉及的设备和检修工作内容见表 3.1。

表 3.1　　　长治站综合检修停电需求及设备表

停电需求	专业	设备类型	电压等级	数　量	工作性质
年度检修	变电	变压器	1000kV	7 台（含 1 备用相）	例行检修
			110kV	3 台	例行检修
			10kV	4 台	例行检修
		油浸电抗器	1000kV	4 台（含 1 备用相）	例行检修
			154kV	2 台（含 1 备用相）	例行检修
		GIS/HGIS 组合电气	1000kV	7 间隔	例行检修
			500kV	3 间隔	例行检修
		母线间隔设备	500kV	2 条	例行检修
			110kV	4 条	例行检修
		串补装置	1000kV	1 组	例行检修
		断路器	1000kV	1 台	例行检修
			110kV	19 台	例行检修

停电需求	专业	设备类型	电压等级	数量	工作性质
年度检修	变电	隔接开关	1000kV	4台	例行检修
			500kV	10台	例行检修
			110kV	42台	例行检修
		电流互感器	110kV	117台	例行检修
		电压互感器	1000kV	12台	例行检修
			500kV	11台	例行检修
			110kV	15台	例行检修
		并联电容器组	110kV	8组	例行检修
		并联电抗器组	110kV	4组	例行检修
		避雷器	1000kV	12台	例行检修
			500kV	9台	例行检修
			110kV	46台	例行检修
		开关柜	10kV	3面	例行检修
			400V	4面	例行检修
		直流蓄电池组	220V	6组	例行检修
	保护	变压器保护	1000kV	4套	例行检修
		并联电抗器保护	1000kV	2套	例行检修
		线路保护	1000kV	2套	例行检修
			500kV	2套	例行检修
		母线保护	1000kV	4套	例行检修
			500kV	4套	例行检修
			110kV	4套	例行检修

续表

停电需求	专业	设备类型	电压等级	数量	工作性质
年度检修	保护	断路器保护	1000kV	5 套	例行检修
			500kV	6 套	例行检修
		电容器组保护	110kV	8 套	例行检修
		电抗器组保护	110kV	4 套	例行检修
		站用电保护	110/10kV	3 套	例行检修
		稳态过电压控制	1000kV	2 套	例行检修
		安稳控制	1000kV	2 套	例行检修
			500kV	2 套	例行检修
		解列装置	1000kV	2 套	例行检修
		串补保护	1000kV	2 套	例行检修
技改	变电	电流互感器	110kV	2 台	更换
	保护	监控系统	NSC350 总控装置	2 台	加装
			NS2000 监控系统	1 套	升级
反措	变电	500kV HGIS（新东北）阀门年度检修	500kV	99 个	检查加装
		110kV 隔离开关增爬伞裙年度检修	110kV	23 台	加装
		主变、高抗冷却器电源防全停改造	400V	9 台	改造
		长南Ⅰ线出线侧加装带电显示	1000kV	1 套	加装

续表

停电需求	专业	设备类型	电压等级	数量	工作性质
辅修项目	变电	消防系统检修	—	1 套	例行检修
		站外电源检修	—	1 套	例行检修
		通信系统检修	—	1 套	例行检修
		工业电视和红外热成像在线监测系统检修	—	1 套	例行检修
消缺	变电	计划消缺	—	28 项	消缺
		检修中消缺	—	22 项	

（3）项目实施过程简述。1000kV 设备、主变及 110kV 低压无功补偿设备检修，检修时间：10 月 22—31 日。

500kV 设备：500kV 1 号母线及其母线侧设备检修，检修时间：10 月 23—25 日。500kV 2 号母线及其母线侧设备检修，检修时间：10 月 26—28 日。

站用电系统设备：0 号站用电系统设备检修，检修时间：10 月 19 日。2 号站用电系统设备及 10kV 子特线 104 断路器间隔设备检修，检修时间：10 月 20—21 日。1 号站用电系统设备检修，检修时间：10 月 22—30 日。

（4）项目完成情况。长治站综合检修项目完成情况见表 3.2。

表 3.2　长治站综合检修项目完成情况表

停电设备名称及停电范围	检修工作内容	检修工作项目数量	工作项目内容	所需人员类型	"两个减少"情况
长治站（按电压等级分片停电）共参与人员共计：2985人次，使用车辆共计：110辆次	准备前工作：停电安措布置	生产 1 项	停电安措布置	作业人员40人次，安全人员10人次	
	第一阶段：主1000kV设备及110kV低压无功补偿设备检修	检修 8 项；技改、反措：6 项	检修：1. 一次设备：1000kV 母线间隔设备，1000kV 长南 I 线间隔（含 GIS 及高抗）设备，1000kV 串补区设备，1号、2号主变及其三侧间隔设备，1号、2号主变 110kV 侧无功补偿设备。2. 二次设备：1000kV 长南 I 线线路保护，安稳解列装置，高抗保护；断路器保护，1000kV 母线母差保护；1000kV 串补控制保护；1号、2号主变保护，1号、2号主变高中压侧断路器保护，1号、2号主变低压侧无功补偿保护，110kV 1号、2号、3号、4号母线母差保护。技改，反措，长南 I 线出线冷却器加装带电显示装置，高抗冷却器加装带电显示装置，110kV 隔离开关增爬伞裙年度检修，110kV 电流互感器更换，监控系统加装升级	作业人员2000 人次，安全人员500 人次	合计减少倒闸操作时间 45h，减少现场调试作业时间 120h

续表

停电设备名称及停电范围	检修工作内容	检修工作项目数量	工作项目内容	所需人员类型	"两个减少"情况
	第二阶段：500kV 1号母线及其母线侧设备检修，500kV 2号母线及其母线侧设备检修	检修：4项；技改、反措：1项	检修：500kV 1号母线、2号母线单元设备，2号母线母差保护。技改、反措：500kV 1号母线、2号母线母差保护，断路器保护	作业人员300人次，安全人员50人次	
长治站站级（按电压等级停电）分片停电参与人员共计：2985人次，使用车辆共计：110车辆	第三阶段：站用电系统设备检修	检修3项	检修：一次设备：110kV 堡特线避雷器、CVT；110kV 0号高压站变110B、1100断路器间隔设备；10kV 0号低压站变100B。110kV 2号高压站变112B、1141断路器间隔设备；10kV 2号低压站变102B；10kV 104断路器间隔设备。110kV 1号高压站变111B、1115断路器间隔；10kV 1号低压站变101B、101断路器，103断路器间隔设备。锅炉变103B、103断路器间隔设备。二次设备：0号站变110B、100B保护。2号站变112B、102B保护；104开关柜上102B保护。1号站变111B、101B保护，锅炉变103B保护	作业人员70人次，安全人员15人次	合计减少倒闸操作时间45h，减少现场试验作业时间120h

（5）项目质效分析。长治站年度综合检修统筹考虑长治站年度检修期间例行检修、特殊检修、反措、技改、消缺、通信设备以及需停电进行的辅助系统设备检修等实际情况，按照"两个减少"的原则，采取 1000kV 及 110kV 同一电压等级设备全停、500kV 电压等级设备对半轮停的"分级分片"停电方式，工期更加合理（将历年 15d 停电时间优化至 10d，减少停电 120h)，现场及过程控制更换精准，大大提高了推进生产管理精益化和安全管理标准化水平。

3.3.2　500kV 综合检修

目前，国网山西电力共组织实施 500kV 综合检修工作 5 次，特选取 2014 年较为典型的 500kV 雁同站综合检修工作进行案例分析。

（1）项目概述。随着同煤二期以及规划的大同东站的接入，2002 年投产的 500kV 雁同站老旧设备已经不能满足容量需要，此次综合检修项目主要针对 500kV 一次老旧设备的更换，500kV、220kV 二次测控装置更换等工作进行。

（2）涉及范围及统筹需求。主要统筹的停电需求包括技改、基建、年度检修、反措、例行检修、辅修项目、消缺、用户接入（表 3.3），采取了分级分片轮停的停电方式。

（3）项目实施过程简述。根据停电时间，工作分为三个阶段。在项目实施前提前安排第一串 5013 断路器

表 3.3　　雁同站综合检修停电需求及设备表

停电需求	专业	设备类型	电压等级	数量	工作性质
基建	变电	断路器	500kV	5 台	更换
			500kV	1 台	新增
		隔离开关	500kV	6 台	更换
		隔离开关	500kV	2 台	新增
		隔离开关	500kV	1 台	拆除
		电流互感器	500kV	15 台	更换
		电流互感器	500kV	3 台	新增
		阻波器	500kV	1 台	拆除
		500kV 进线跳线	500kV	1 间隔	新增
	保护	刀闸端子箱		5 个	更换
		断路器保护		2 套	升级
		迁移短引线保护		2 套	升级
		接入母差保护		4 套	新增
技改	变电	电压互感器	500kV	8 台	更换
		油枕胶囊	500kV	1 个	更换
	保护	测控装置	500kV	6 套	更换
			220kV	3 套	更换
			35kV	3 套	更换
年度检修	变电	隔离开关	35kV	4 台	更换导电
	保护	信息点表		11253 个	规范
反措	变电	母线	35kV	2 条	绝缘包封

停电需求	专业	设备类型	电压等级	数量	工作性质
例行检修	变电	主变	500kV	2 台	C 类检修
		断路器	500kV	11 台	C 类检修
			220kV	14 台	C 类检修
			35kV	5 台	C 类检修
		电流互感器	500kV	11 台	C 类检修
			220kV	14 台	C 类检修
			35kV	5 台	C 类检修
		隔离开关	500kV	11 台	C 类检修
			220kV	9 台	C 类检修
			35kV	4 台	C 类检修
		电压互感器	220kV	9 台	C 类检修
			35kV	2 台	C 类检修
辅修项目	变电	消防系统		1 套	例行检修
	变电	视频系统		1 套	例行检修
	变电	喷 RTV		1 套	新增或更换设备
	变电	防腐		1 套	新增或更换设备
	变电	地面整治		1 套	完善
消缺	变电	变压器	500kV	7 项	严重
			35kV	1 项	严重
		断路器	500kV	1 项	严重
		隔离开关	500kV	7 项	严重
			35kV	1 项	严重
		站用变	35kV	2 项	严重
		电抗器	35kV	1 项	严重

停电，将 5013 断路器测控装置临时安装于相邻公用测控屏内，完成二次接线、调试，并将第一串测控屏内 5013 断路器测控装置相关二次线拆除，为第一串测控装置更换做好准备。

第一阶段（5 月 8—21 日），基建施工：拆除 5011、5012 旧间隔设备，安装新设备，试验、验收送电。生产施工：500kV 第一串测控屏拆除 5011、5012、5013 断路器测控装置，安装 3 台新测控装置，测控屏内配线，新测控装置对点，与各级调度（地调、省调一平面、省调二平面、省检修公司调度）四遥信息核对。

第二阶段（5 月 22 日至 6 月 2 日），基建施工：拆除 5013 开关、TA，5012‑2、5013‑1 隔离开关旧设备，新设备安装、验收、送电。生产施工：2 号主变保护装置四遥信息核对；大雁 II 线保护装置、5013 断路器按照无人值守要求拆分信号，接二次线，完善相应回路。

第三阶段（6 月 9—17 日），基建施工：拆除 5041、5042 断路器、TA、5041‑2、5042‑1 隔离开关，新设备安装、试验传动、验收送电。生产施工：5041、5042、5043 断路器测控屏拆除 3 台旧测控装置，安装 3 台新测控装置，测控屏内配线。

（4）项目完成情况说明。项目完成情况见表 3.4。

表 3.4　雁同站综合检修项目完成情况表

停电设备名称及停电范围	检修工作内容	主要项目内容及分类	所需人员类型	"两个减少"情况
雁同站（按电压等级分片停电）参与人员共计：2400人次，使用车辆共计：236辆次	准备前工作：编制检修方案；准备所需物料；提前停运5013测控装置	生产： 1. 编制检修方案 2. 准备所需物料 3. 提前停运5013测控装置	作业人员15人次、安全人员5人次	
	第一阶段：更换500kV 1号主变5011、1号主变/大雁Ⅱ线5012断路器、电流互感器5011-2、5012-1隔离开关，拆除5011-6隔离开关35kV A母新增电抗器所属设备接入人；5011断路器差动失灵回路接入Ⅰ母母线保护。1号主变B相油枕胶囊更换，更换1号主变500kV CVT3台，相应设备检修消缺。500kV第一串5011、5012、原5013断路器测控装置更换，220kV 1号主变2001、路器测控装置更换。大雁浑线2704断路器及A母雁万Ⅱ线2701，35kV1号主变3001，1号并联电抗器3601断路器更换，保护传动、信息规范	基建：更换5011、5012断路器，电流互感器、5011-2、5012隔离开关 技改：5011、5012、5013、2001、2701、2704更换测控装置	作业人员800人次、安全人员50人次、管理人员47人次	合计减少倒闸操作时间124h，减少现场修试作业时间523h，减少500kV母线停电48h、220kV母线停电12h

停电设备名称及停电范围	检修工作内容	主要项目内容及分类	所需人员类型	"两个减少"情况
雁同站（按电压等级分片停电）参与人员共计：2400人次，使用车辆共计：236辆次	第二阶段：更换500kV大雁Ⅱ线5013断路器、TA、5012-2、5013-1隔离开关、35kV B母新增电抗器所属设备接入、更换大雁Ⅱ线CVT 3台、Ⅱ母A相CVT 1台，更换35kV B母3002-1、3701-3、3702-3、3703-3隔离开关导电回路，2号主变35kV引线、新增电抗器引线绝缘包封，相应设备检修。第一串5013断路器测控装置倒回新屏位	基建：更换5013断路器、互感器、5012-2、5013-1隔离开关 技改：大雁Ⅱ线CVT 3台、Ⅱ母A相CVT 1台	作业人员700人次、安全人员60人次、管理人员45人次	合计减少倒闸操作时间124h，减少现场试修作业时间523h，500kV母线停电48h，220kV母线停电12h
	第三阶段：更换5041、5042断路器、TA、5041-2、5042-1隔离开关、5011断路器差动失灵回路接入Ⅰ母母线保护、相关停电设备检修，更换5041、5042、5043断路器测控装置，500kV塔雁Ⅰ线保护定检、自动化信息规范	基建：5041、5042断路器、TA、5041-2、5042-1隔离开关 技改：5041、5042、5043断路器测控装置	作业人员600人次、安全人员48人次、管理人员30人次	

（5）项目质效分析。"综合检修"项目的开展为雁同站无人值守创造了必要条件，同时满足了大同东双回线的接入，有效提升了电网稳定运行管理水平。重点消除了设备隐患、缺陷，如消除 1 号 B 相油枕胶囊破损、1 号主变高压侧 CVT 输出电压异常 3 项重大隐患，进一步保障了电网安全。通过项目的更新和设备的检验，如对 2003 年建站初期 500kV 设备已经全部更新等，对全站设备进行了全面"体检"。同时项目的实施锻炼了队伍，实现了班组整合，并使联动能力得以提高，促进了专业之间协作意识，打破了变电运维、检修试验、保护等班组固有的维护范围划分，使专业工区承载能力提升，增强了大检修体系的整体运检力量。

3.3.3　220kV 综合检修

目前，国网山西电力组织实施 220kV 及以下综合检修项目 81 次，本书特选取较为典型的 220kV 马军营站和 220kV 闻喜—三家庄站两个项目进行分析。

（1）220kV 马军营站综合检修。

1）项目概述。220kV 马军营站自 1999 年建站以来，设备从未进行过更换且逐步老化，特别是开合类设备经常发生卡涩、分合闸不到位、过热等现象，已经不能满足设备可靠运行要求，2014 年 220kV 马军营站综合检修项目主要针对站内 3 个电压等级的开关类设备进行改造，实施年度检修项目 10 项、投入资金 445 万元，技改项目 2 项、投入资金 1132.8 万元，累计投资 1577.8 万元。

2）涉及范围及统筹需求。主要统筹的停电需求包括技改、年度检修、反措、例行检修、辅修项目、消缺，采取了分级分片轮停的停电方式，见表 3.5。

表 3.5　马军营站综合检修停电需求及设备表

停电需求	专业	设备类型	电压等级	数量	工作性质
技改	变电	断路器	220kV	6 台	更换
			110kV	10 台	更换
		开关柜	10kV	26 面	更换
		电容器	10kV	4 组	更换
	保护	主变保护		1 套	更换
		TV 端子箱		4 套	更换
年度检修	变电	隔离开关	220kV	19 台	完善化
			220kV	16 台	标准化
			110kV	31 台	完善化
			220kV	35 台	信号完善
		支持绝缘子	10kV	336 只	更换
	保护	非全相继电器	220kV	3 套	新增
反措	变电	变压器	220kV	2 台	加断流阀
			220kV	2 台	换油枕胶囊
例行检修	变电	主变	220kV	2 台	C 类检修
		断路器	220kV	3 台	C 类检修
			110kV	1 台	C 类检修

续表

停电需求	专业	设备类型	电压等级	数量	工作性质
例行检修	变电	电流互感器	220kV	27 台	C 类检修
			110kV	33 台	C 类检修
		隔离开关	220kV	35 台	C 类检修
			110kV	11 台	C 类检修
		电压互感器	220kV	11 台	C 类检修
			110kV	6 台	C 类检修
辅修项目	变电	喷 RTV		1 套	新增
		防腐		1 套	新增
		地面整治		1 套	完善
消缺	变电	变压器	220kV	9 项	严重
		断路器	220kV	2 项	严重
			110kV	1 项	严重
		电容器	10kV	1 项	严重
	保护	保护装置	1	1 项	严重
		直流系统	1	1 项	严重

3）项目实施过程简述。根据停电时间，工作分为三个阶段。从 2 月开始，遵循"七三工作法"，把更多的精力和时间放在准备工作上，检修前，多专业现场"翻地式"勘查 7 次，召开现场协调会 4 次，提前安排 25 项细节问题。形成检修方案后向公司办公会做了汇报，举全公司之力做好综合检修。

第一阶段（5 月 6—10 日），检修作业人员分成 5 个检修小组分别进行拆除 202、241、102、117、115

旧开关，安装新开关，传动试验，验收送电，相应间隔刀闸更换导电回路，未更换设备进行 C 类检修；更换 2 号主变 10kV 母线桥支持绝缘子，Ⅱ母开关柜等工作。

　　第二阶段（5 月 12—15 日），检修人员分成 4 个作业小组分别进行，拆除 246、110、118、112、111 旧开关，安装新开关，传动试验，验收送电相应间隔刀闸年度检修、220kV 地刀信号完善、对应设备复涂 RTV 涂料。246、220、245、118、110、112、111 间隔其他设备，220kV 东西母 TV、避雷器 C 类检修，更换 110kV 东西母端子箱。

　　第三阶段（5 月 17—22 日），检修作业人员分成 5 个检修小组分别进行 1 号主变及三侧避雷器、201、200、242、101、114、116 间隔未更换设备 C 类检修，对应设备复涂 RTV 涂料；201、200、242、101、114、116 开关更换、相应间隔刀闸年度检修、220kV 地刀信号完善；1 号主变更换保护装置、油枕胶囊、加装限流阀、处理渗油缺陷、201TA 倒变比；更换 1 号主变 10kV 母线桥支持绝缘子；更换 10kV 母Ⅰ开关柜、加装在线测温装置。

　　4）项目完成情况说明。项目完成情况见表 3.6。

　　5）项目质效分析。综合检修项目的开展共消除缺陷 43 项，是自 1999 年建站以来首次实现的站内、外设备"零缺陷"。通过设备的全面更新，如全站一次、二

表 3.6　马军营站综合检修项目完成情况表

停电设备名称及停电范围	检修工作内容	主要项目内容及分类	所需人员类型	"两个减少"情况
马军营站（按电压等级分片停电）参与人员共计：2640 人，使用车辆共计：203 辆	准备前工作：现场勘察 7 次，召开现场协调会 4 次，提前现场协调节问题，编制检修方案、落实物料	1. 编制检修方案 2. 准备所需物料 3. 现场勘察 4. 提前安排 25 项前期工作 5. 召开现场协调会	作业人员 300 人次、管理人员 30 人次	
	第一阶段：2 号主变更换油枕胶囊、加装限流阀，处理渗油缺陷，更换 10kV II 母线桥支持绝缘子；更换 202、241、102、117、115 开关，244 开关加装非全相继电器，年度检修 202、244、241-1-东-2-西、102、117、115-1-西-东刀闸；更换 220kV 西、东母 TV 端子箱、202TA 倒闸变比，更换 10kV II 母开关柜，加在更换线测温装置	技改： 1. 更换 202、241、102、117、115 开关 2. 更换 220kV 西、东母 TV 端子箱 3. 更换 10kV II 母开关柜 4. 加在线测温装置 年度检修： 1. 相应间隔刀闸换导电、完善信号 2. 更换支持绝缘子 3. 244 开关加装非全相电器 反措： 1. 更换胶囊 2. 加断流阀 辅修： 喷 RTV 和防腐	作业人员 750 人次、安全人员 50 人次、管理人员 25 人次	合计减少倒闸操作时间 42h，减少现场修试作业时间 480h

续表

停电设备名称及停电范围	检修工作内容	主要项目内容及分类	所需人员类型	"两个减少"情况
马军营站（按电压等级分片停电）与人员共计：2640人，使用车辆共计：203辆	第二阶段：更换246、110、118、112、111非全相继电器、220、245开关加装非全相继电器；年度检修220-2-西、245、246-1-东-2-西、2西9、2东9、118、112、111-1-西-东、110-西-东刀闸；更换110kV东、西母TV、西母TV端子箱	技改： 1. 更换246、110、118、112、111开关 2. 更换110kV西、东母TV端子箱 年度检修： 1. 相应间隔刀闸换导电、完善信号 2. 220、245开关加装非全相继电器 辅修： 喷RTV和防腐	作业人员600人次、安全人员40人次、管理人员20人次	
	第三阶段：1号主变更换油枕胶囊、加装限流阀、处理渗油缺陷、更换10kV I母线桥支持绝缘子；更换201、200、242、101、114、116开关、242-1-东-2-西、200-东-西、101、114、116-1-西-东、110kV东、西母TV刀闸；201TA倒变比、10kV I母开关柜、更换在线测温装置	技改： 1. 更换2201、200、242、101、114、116开关 2. 更换10kV I母开关柜 3. 加在线测温装置 年度检修： 1. 相应间隔刀闸换导电、完善信号 2. 更换支持绝缘子 反措： 1. 更换胶囊 2. 加断流阀 辅修： 喷RTV和防腐	作业人员750人次、安全人员50人次、管理人员25人次	合计减少倒闸操作时间42h，减少现场修试作业时间480h

次老旧的、不满足反措的、影响安全运行的设备，整体或关键部件的全部更换，解决了气动机构开关拒动、刀闸过热、开关柜机构卡涩、保护误动等重大隐患。通过项目的实施对区域电网进行了全方位校验。通过区域电网分析、方式变化、负荷转移、预案编制等手段检验方式安排的合理性，校验了电网的安全性，是一次区域电网 N-1 方式下的实战练兵，是对"三集五大"体系是否运转高效顺畅的一次实战检验，也是作业现场综合管控能力的一次考验。

（2）220kV 闻喜—三家庄站综合检修。

1）项目概述。大西高铁 220kV 牵引站通过闻喜站、三家庄站接入运城电网，涉及的扩建工程较为复杂，母线延伸、新增间隔、单母改双母、线路跨越等停电启动次数较多；闻喜站 4 组 220kV ZH2 型组合式母线刀闸南、北刀共用一个静触头，自投运来一直无法停电检修，因传动环节卡涩急需停电处理；此外，三家庄全站保护压板智能化改造需在大停电方式下才能彻底完成；因此决定实施 2012 年闻喜—三家庄综合检修。

2）涉及范围及统筹需求。主要统筹的停电需求包括技改、基建、年度检修、反措、例行检修、辅修项目、消缺、用户接入，采取了分级分片轮停的停电方式。

3）项目实施过程简述。根据停电时间，工作分为三个阶段。提前准备阶段、实施阶段及实施后部分线路恢复正常运行方式阶段。

表 3.7　　闻喜—三家庄站综合检修停电需求及设备表

停电需求	专业	设备类型	电压等级/kV	数量	工作性质
基建	输电	杆塔	220	4 基	拆除
			220	6 基	新建
	变电	旁母	220	1 条	拆除
		间隔	220	1 个	新增
年度检修	变电	主变	220	2 台	年度检修
		刀闸	220	11 台	年度检修
		电流互感器	220	3 组	年度检修
反措	变电	电抗器	35	1 组	年度检修
		闻喜站一次设备外绝缘	220、110		RTV 喷涂
		母线桥及电容器铝排引线	35	(2+6) 组	包封
	保护	智能压板			全站升级
例行检修	变电	主变	220	3 台	例试
		间隔	220	18 间隔	
			110	29 间隔	
			35	14 间隔	
		站用变	35	2 台	
	保护	变电站所有保护	220	2 座	
用户接入	输电	线路	220	2 条	大西高铁

第一阶段（4 月 28 日至 5 月 9 日），提前完成闻喜 35kV 设备修试工作，提前安排闻喜站 2 号变压器年度检修，完成闻喜站大停电前负荷转供安排；完成三家庄 220kV 闻三Ⅱ线迁改，完成 220kV 盐三Ⅰ线改造。

第二阶段（5 月 8—10 日），完成闻喜站内设备检修工作，检修试验：220kV 南母 TV、北母 TV、旁母 TV 及相关刀闸等设备、1 号主变、2 号主变、3 号主变及相应刀闸等设备及线路 TV 检修、试验、二次清扫；完成三家庄设备综合检修工作，1 号主变及相应刀闸等设备，110kV 母线 TV 南、北刀及线路 TV，35kV Ⅰ段、Ⅱ段 TV 及 TV 刀、电容器组，1 号站用变检修、试验、二次清扫，2 号主变 A 类检修。

第三阶段（5 月 11 日），110kV 相关线路恢复正常方式。

4）项目完成情况说明。闻喜—三家庄站综合检修项目完成情况见表 3.8。

5）项目质效分析。综合检修避免重复停电，做到"一停多检"。此外修订完善技术资料 9 类 236 种，检查试验工器具 64 套，汇总备品备件需求 76 类，准备专业作业器械 50 套、检修作业车辆 20 部，编写海鑫钢铁、运城民航等重要客户的专业保电方案 8 类 10 套，使得电网非正常停电及现场检修作业时间大大减少，运行人员工作量减少 80%，现场人员作业安全性大幅提高，实现了社会、企业、用户和谐共赢。同时，借助多项目

表3.8 闻喜—三家庄站综合检修项目完成情况表

停电设备名称及停电范围	检修工作内容	检修工作项目数量	工作项目内容	所需人员类型	"两个减少"情况
闻喜—三家庄站（按电压等级分片停电）参与人员与车：共计人员：1016人次，使用车辆共计：202辆次（估算）	准备前工作	生产3项	1. 编制各类资料 2. 联系设备厂家实落基建设备及时到货 3. 提前进行检修工作演练	作业人员18人次；安全人员5人次	
	第一阶段	基建4项 技改8项 例行检修3项	基建： 及母联线延伸 1. 闻喜负荷转供，220kV间隔扩建 2. 盐三Ⅱ线迁改 3. 盐三Ⅱ线改造 4. 三家庄站220kV单母分段改双母 技改：（4项） 1. 闻喜更换1~4号电容器组放电TV 2. 闻喜2号主变年度检修 3. 三家庄2台2号主变低压侧所属设备加装绝缘护套（2项） 4. 全站保护屏更换智能压板 例行检修： 闻喜35kV Ⅰ段、Ⅱ段、Ⅲ段设备例行试验	基建： 作业人员52人次；安全人员6人次 技改： 作业人员22人次；安全人员4人次 例行检修： 作业人员21人次；安全人员4人次	合计减少倒闸操作时间263h，减少现场修试作业时间160h，减少220kV电网非正常停电时间528h

续表

停电设备名称及停电范围	检修工作内容	检修工作项目数量	工作项目内容	所需人员类型	减"两个减少"情况
闽喜—三家庄站(按电压等级分片停电)参与人员共计:1016人次,使用车辆共计:202辆次(估算)	第二阶段	基建:1 项 技改:15 项	基建:三家庄 347 开关接引送电 技改:闽喜:3 组 TA 更换膨胀器、防雨帽,11 组刀闸检修 三家庄:2 号主变年度检修	基建:作业 6 人次、安全员 1 人次 技改:作业 55 人次、安全人员 6 人次	合计减少阀闸操作时间 263h,减少现场修试作业时间 160h,减少电网非正常停电时间 528h
	第三阶段	基建 5 项	1. 闽夏线恢复 1 号耐张塔引流线 2. 家北线恢复 1 号耐张塔引流线 3. 闽东线、闽海 I 线停电,拆除两线 1~2 号的三相导线短接线 4. 恢复两线 1 号耐张塔引流线 5. 三平 II 线恢复 133 号耐张塔引流线	基建:作业 40 人次、安全人员 8 人次	

实战和多专业协同作业，运城公司的生产管理水平、专业协作能力、人员技术水平、设备修试质量都得到显著提高。

3.4 综合检修工作管理

3.4.1 综合检修协同机制

从国网山西电力综合检修工作开展来看，目前主要存在本单位专业协同、各级单位协同和厂站用户协同等三种情况。专业协同体现在综合检修各阶段工作的配合方面，以五大体系核心专业为主，横向覆盖发展部、运检部、建设部、营销部、科信部、调控中心等专业部门，各专业高效配合。各级单位协同体现在综合检修纵向贯穿省、市、县公司三个层面，体现在上下各层级单位的科学合作，内容包含在计划编制、作业协同、资源调配和经验总结等工作中。厂站用户协同情况体现在停电需求统筹、检修作业联动等工作中，要求厂站用户深入沟通，实现"一停多用"。

（1）专业协同。运检部、调控中心对一次、二次设备年度检修、技改、辅修项目等的立项、资金方面重点予以倾斜和支持，确保缺陷、隐患、反措全部整治到位，实现站容站貌焕然一新，根据停电方式对电网进行校核；发展部根据批复结果调整三年电网发展规划，保证规划项目与综合检修计划步调一致，尤其对 GIS 站保证三年内不再增容扩建，同时及时批复基层单位上报的年度检修、技改、辅修等项目，保证后续招标、物资到货等及时跟进；建设部根据批复结果适时调整基建里程碑计划，在建基建工程严格控制工期，保证与综合检修计划节奏吻合；营销部及时通知大用户相关停电计划安排，为同步开展用户设备检修做准备；人资部配合开展相关培训；财务部根据合同及时付款；物资部根据批复结果，按节点做好相关项目可研、初设、物资招标、到货等事宜，保障综合检修项目顺利实施，见表3.9。

（2）各级单位协同。各级单位协同目前主要开展了省检修公司与各地市公司检修作业协同和地市公司与下属各县公司作业系统两种类型。地市之间跨区域综合检修协同工作尚未广泛开展。

（3）厂站用户协同。综合检修在统筹停电需求环节，根据实际情况与电厂、用户电站相应检修工作等进行协调，将厂站、用户停电检修工作纳入同一检修周期，以站厂联合、与客户联合等停电方式完成厂站用户的协同。

3.4.2　综合检修制度流程

梳理近几年综合检修实践成果并提炼经验，形成了输变电设备以"综合检修＋状态检修"为主的运检管理模式，同时围绕职责、流程、环节、关键点，制定山西电网《综合检修管理办法》《综合检修计划管理规范》《综合检修现场管理规范》《综合检修后评估管理规范》《综合检修全过程技术监督管理规范》，理清了各部门在

表3.9 专业协同工作一览表

序号	涉及专业	协同工作	牵头专业	配合专业	整理编制	审查
1	调度 发展 运检 建设 安质 营销 科信 物资	三年综合检修滚动计划	调度	发展、运检、建设、营销、科信	省公司发展策划部、省公司运维检修部、省公司建设部、省公司调度控制中心	省公司电力调度控制中心
2		综合检修计划	调度	运检、安质	地市公司调度控制中心、地市公司运检部门	省公司电力调度控制中心、省公司安监质量部
3		年、季、月、日停电计划	调度	运检、营销、科信	省公司营销部、省公司调度控制中心、地市公司运检部门	省公司电力调度控制中心
4		三年电网基建投产滚动计划	发展	建设	省公司发展策划部、省公司建设部	
5		年度基建投产电计划	建设	发展	省公司建设部、省公司发展策划部	
6		综合检修实施方案	运检	调度、安质、建设、科信	地市公司运检部门、地市公司调度控制中心	省公司电力调度控制中心、省公司运维检修部、省公司建设部、省公司安监质量部、省公司信通部
7		输变电设备检修标准工期	运检	营销	地市公司运检部门	省公司运维检修部
8		输变电设备停电施工方案	运检、建设	营销	地市公司运检部、地市公司建设部	省公司发展策划部、省公司建设部、省公司运维检修部、省公司营销部

综合检修项目确定、计划编制、前期准备、风险预控、项目实施、后期评估等各阶段工作职责，明确了任务目标和工作标准，固化了组织实施流程，形成了涵盖综合检修全过程的系统化、规范化的管控体系。体系中包含了综合检修计划管理流程、实施方案编制审核流程、综合检修后评估流程、技术监督管理流程等，具体见附录。

3.4.3　综合检修成效分析

（1）发挥"三集"优势，"五大"体系进一步融合。综合检修，以设备状态评价为基础，收集 3～5 年的电网发展规划、基建里程碑计划、市政工程、线路迁改、用户接入以及设备年度检修技改、重大反措落实、监控信息规范等相关信息，统筹了大建设、大营销、大检修、大运行等相关专业停电需求，制定了 3～5 年综合检修滚动计划。根据滚动计划，"大规划"调整三年电网发展规划，与综合检修计划步调一致，提前落实电网新（改、扩）建项目资金；"大建设"对基建工程里程碑计划进行相应调整，确保同步实施；"大检修"重点做好设备状态评价、反措落实、年度检修技改、辅修项目等的整合安排；"大营销"负责高危及重要用户的停电预警告知、协调配合检修等事项；"大运行"落实电网方式调整、做好应急保障；"三集"体系确保人员培训、专家支持到位，检修运维资金到位，工程物资采购及时到位。做到：①综合检修统筹各方需求信息，使停电计划安排更加合理，同时围绕 3～5 年滚动计划，"三集五大"协同运转，专业进一步融合。②"大检修"与"大运行"专业参与基建工程前期施工方案编制，统筹停电计划安排，施工过程全力配合，确保基建里程碑计划顺利完成。③通过综合检修，理清电网的薄弱环节，为电网规划提供依据，使电网规划更合理、更有针对性，确保网架更加坚强。④通过综合检修，真实检验并完善区域电网的方式安排、潮流分布、保电方案及事故预案，确保发生变电站全停时，措施更合理，处置更及时。通过分工合作，协同推进，促进各部门之间的融合，彰显国家电网公司"三集五大"改革的活力。

（2）电网非正常运行时间减少。综合检修采取"整站多线"停电方式开展，与以往单间隔轮流停电的常规检修相比，单母、单变等电网非全接线方式运行时间大幅减少，电网运行风险明显降低。以闻喜—三家庄综合检修为例，按常规检修模式需安排 25d 完成，而实施综合检修，仅用了 3d 时间。从闻喜—三家庄等 13 个综合检修统计数据分析来看，电网非正常运行时间累计1170h，比常规检修模式（约 2768h）减少 1598h，减少了 57.8%。

（3）人员现场作业时间大幅减少。①充分运用"七三工作法"，将不需要停电的作业工序调整至停电前完成，最大限度减少停电工作总量。②综合检修变革传统的以"间隔、单线"为单元停电检修模式为"整站、多线"模式，实现"整站多线"一次性停送电，使得倒闸操作、安措布置工作量大幅减少，大大降低了误操作风险。③停电需求高度统筹安排，一个检修周期内只停电一次，最大限度避免了重复停电和人工浪费。

（4）"一停多用"，有效避免重复停电。以电网设备状态评估为基础，以 3～5 年为周期，开展周期性综合检修，全面整合常规例行检修、反措、年度检修、技改、迁改、基建、用户、电厂等电网停电需求，按该区域三年规划，通过整站、整线、整片集中检修停电，将基建工程、用户接入、市政改造等工作（尤其是 GIS 变电站）一步实施到位，彻底消除缺陷隐患，完成站容站貌综合整治，一次停电满足各方停电工作需求，实现一个检修周期（3～5 年）不停电的目标。

（5）全站检修无死角，检修工作更全面，设备整治更彻底。综合检修，注重整体策划、设备评估、项目申报等前期工作，通过全站停电，实现无死角检修，设备整治更彻底。①整站停电，设备设施全面检修，确保设备缺陷隐患全消除和反措项目全落实，如母差（含失灵）、低周、备自投等保护装置整组传动成为可能，GIS 设备 TA 校验、母线组合式刀闸检修、电气闭锁联动试验以及集中监控信息规范化改造等工作可安全进行。②集中时间进行整站多线检修，统一整站设备例行检修周期，有重点提升"整站多线"设备健康水平，避免造成个别设备漏试漏检。③结合停电，统筹设备治理和变电站辅修项目，集中进行站容站貌治理，实现站容站貌焕然一新。

（6）作业安全性和设备修试质量明显提升。①小型现场减少，作业安全风险及现场管控压力降低。②大停电时变电站除站用变外，不存在其他带电设备，人员作业更加安全。③检修工作时间集中，人员现场作业时间减少，月均检修工作日相应减少，人员得以劳逸结合、张弛有度，有效杜绝了疲劳作业。④综合检修停电工作区域较大，有利于大型机械施工作业、降低了人员劳动强度，在提高效率的同时，有利于人员精细化作业，大幅提高了设备检修质效。⑤厂家技术力量、基建专业队伍大量参与，工厂化检修、车间预组装、现场流水化作业，设备设施检修质量明显提高。以 220kV 张礼站为例，该站 2010 年实施综合检修后，截至目前未发生一起停电消缺工作。

（7）专业协同和队伍实战能力显著增强。①通过综合检修，实现"单兵种"向"多兵种联合"作战的转变，生产各专业、厂家、农电、用户、基建施工队伍全过程协同作业，协同配合水平逐步提高。②大量的前期准备工作和专业化的检修历练，锻炼了各专业队伍，提高了一线班组作业人员的技能。③精准的过程管控、严格的工序配合，整体提升了生产精益化管理水平。④通过工程外委，打破常规专业、班组界限，集中调配优势力量参与检修工作，有效解决了运检人员结构性缺员问题。

（8）管理创新成果涌现，助推安全生产文化形成。①通过持续改进，综合检修形成了涵盖全过程的系统化、规范化的管控体系，理清了职责，固化了流程，最终建立了以"综合检修＋状态检修"为主的运检管理新机制。②综合检修对检修效率、检修专业水平的高要求，大大激发了员工的创新意识，隔离开关整体吊装平台、GIS 现场检修工棚等"五小"（即小改、小革、小建议、小成果、小发明）成果不断涌现，形成一种比安全、比质量、比效率的安全生产文化氛围。

3.5　存在主要问题

（1）综合检修规章制度细致程度不足。国网山西电力在多年综合检修工作开展经验的前提下，针对综合检修工作管理形成了各项规章制度，但受限于开展规模、开展范围和直流运行方式欠缺等条件，在规章制度细致方面还需进一步提升，需针对各种综合检修类型进行流程细化、内容调整和实用性提高。

（2）综合检修工作高电压等级开展经验不足。目前，国网山西电力在 220kV 电压等级开展综合检修工作经验丰富，但在 500kV 尤其是 1000kV 电压等级虽然进行了试点运行，仍需进一步积累和总结经验，完善工作开展方法和相关管理规范。

（3）电网运行方式限制综合检修实施。各单位在拟定综合检修项目后，涉及 220kV 及以上线路、变电站整站、多线停电时，部分项目在考虑电网运行情况、安全性及检修适宜时期等情况后，不具备实施条件。

（4）综合检修计划的制订应充分考虑人力、设备资源限制。各单位在制定综合检修计划时，应充分考虑本单位的专业水平和承载力，特别是人力资源、相关设备资源，确保在规定时间内完成既定工作任务，因此，制定综合检修计划时不能盲目扩大范围，应结合实际情况，控制在合理范围内追求综合检修效益最大化。

（5）新技术、新工艺、新装备的应用不足。各单位对检修方式、工艺、手段的创新动力不足，对国内先进的技术装备提前研究还不够，例如 GIS 设备同频同相耐压试验法等，缺乏足够的调研、考察，对应用条件、效果还不是很明确。

3.6　本　章　小　结

通过对综合检修项目化管理理念的总结，对国网山西电力开展综合检修工作进行回顾，对综合检修标准化管理、协同机制运作进行分析，深化综合检修取得的突出成效，最后对综合检修存在的主要问题进行论述。

第4章 综合检修在交直流大电网中的适应性

在"交直流大电网"环境下，通过总结经验，完善升华，推广应用综合检修，能够大幅提高交直流大电网检修效益。因此本章所进行的综合检修管理模式适应性分析具有实际意义。

4.1 交直流大电网中综合检修模式

交直流大电网中的综合检修模式是在交直流大电网中进行综合检修工作的管理模式。其管理体系包括协同工作机制、设备运维检修的管理制度和协同工作流程等主要内容；按照交直流大电网各电压等级可分为：220kV 及以下输变电设备综合检修、500kV 输变电设备综合检修、1000kV 输变电设备综合检修及直流±800kV 输变电设备综合检修等模式。目前，国网山西电力 220kV 及以下电压等级的综合检修工作已经广泛开展，其检修次数到 2015 年上半年已达到 81 次，积累了丰富的工作经验，形成了一整套较完善的管理工作体系，具备了在大电网中推广应用的条件，同时500kV和1000kV电压等级的综合检修次数分别为5次和2次，也取得了宝贵的经验，但直流换流站还处于建设阶段，计划2017年建成，其综合检修方法和应用仍需研究。总的来说，国网山西电力的实践经验和管理体系为综合检修在交直流大电网中的应用适应性研究提供了进一步的研究基础。

4.2 综合检修适应性论述

国网山西电力多年来已经广泛开展了220kV及以下电网设备的综合检修，与常规检修管理模式相比，综合效益明显提高。以下主要针对特高压交流1000kV、直流±800kV和交流500kV三个电压等级电网设备的综合检修进行适应性分析。

4.2.1 特高压交流1000kV输变电设备检修模式适应性分析

目前特高压交流1000kV变电站采用"一年一次定期检修"模式，根据国内首条1000kV长—南—荆试验示范工程6年多的运行经验，后续工程可考虑正常运行三年后采取"状态检修＋2年1次定期检修"模式。

在特高压交流工程建设初期，由于主要还是以远距离单断面输电为主（有些工程的输电容量还带有季节性特点），未构成网架结构，因而与综合检修的"整站多线"的综合检修模式相吻合。但随着工程大规模建设，若干年后将建成坚强的"三华"同步主干网架结构，不只局限于以远距离单断面输电，而且变成大范围联网与远距离输电并重的格局，一旦联网功能发挥巨大作用，将形成和目前交流500kV电网为主干网架一样的电网结构，到时将不再适用于"整站多线"的综合检修模式，而应当采取"分级分片"的综合检修模式。

1000kV交流变电站实现"整站多线"停电有以下特点：

（1）主变停电时，与其直接关联的三侧6个开关间隔设备、110kV母线及其相应无功补偿设备及站用电设备将一起停电。

（2）500kV系统设备全停的条件是所有线路均只服务于1000kV系统的输电，而没有区域500kV电网联络环网的功能。

（3）1000kV系统设备全停主要取决于电网负荷潮流是否允许所有线路全停。

（4）虽然极少有重点用户高可靠性用电需求，但应综合考虑接入特高压交流变电站相关电厂机组检修情况。

（5）采取全站停电时需做好站外电源的保电工作，确保检修电源的可靠供应。

无论从目前还是将来的检修模式和停电方式上来讲，综合检修管理模式完全适应于特高压交流1000kV

变电站的检修工作。因此，应在目前"一年一次的定期检修"的基础上，结合设备状态评价结果，统筹各方停电计划，采用"七三工作法"，聚集资源，实现在一个周期内不重复停电和"两个减少"的目标，使得安全、经济和社会效益达到最优。以便将来可以用综合检修模式替代"状态检修＋2年1次定期检修"模式，并逐步达到"三年不年度检修，五年不技改"的目标。

4.2.2 直流±800kV 输电检修模式适应性分析

目前换流站采用的检修方式主要有一年一次定期检修模式。年度检修停电方式可分为两种模式：双极全停、单极轮停。2 种模式优缺点如下：

（1）采用"双极全停"模式类似于特高压交流站的"整站多线"停电模式，优点是安全性最高，工期最短，经济性（输电功率）较低，对电网潮流转移及负荷转供有较大影响，需要选择在电网负荷低谷月份进行（一般需要避开迎峰度夏、度冬时段）。

同时，直流换流站实现"双极全停"模式时还需重点考虑如下问题：

1）站内交流系统设备（除交流滤波器）全停的条件是所有线路均只服务于直流输电，而没有区域 500kV 电网联络环网的功能。

2）受端电网需考虑 500kV 重点用户高可靠性用电需求，送端电网需综合考虑接入换流站相关电厂机组检修情况。

3）采取全站停电时需做好站外电源的保电工作，确保检修电源的可靠供应。

（2）采取"单极轮停"模式类似于特高压交流站的"分级分片"停电模式，优点是经济性（输送功率）较好，对电网潮流转移及负荷转供影响不大，不一定选择在电网负荷低谷月份进行。但安全性较差，易发生全站停电事故，事故后对送售端电网影响较大；且工期较长，几乎是"双极全停"工期的 2 倍。

同时，直流系统若采用单极轮停检修，即检修期间长期处于单极大地回路方式运行时，通过直流接地极向大地注入几百至几千安培的电流，还将产生以下影响：

1）直流接地极电流引起地电位升高，如果两个变电站接地网之间存在电位差，就可能导致直流电流通过变压器中性接地点流入变压器绕组，引起变压器磁通、励磁电流的畸变，导致产生变压器的直流偏磁现象。严重时会引起变压器严重过热、噪声变大、振动剧烈及交流电网电压总畸变率变大。

2）单极大地回线运行时，会在接地极附近土壤中形成一个恒定的直流电流场，并且因为地面下长期有大的直流电流流过，大电流所经之处还将引起埋设于低下或放置在地面的管道、金属设施发生电化学腐蚀，进而可能对这些设施造成不利影响。

目前，多回直流输电系统共用接地极的工程实例不断增加，在安排其中一回直流停电时应充分考虑、合理安排接地极线路的检修安全措施及工期，特别要注意避免停运极接地极线路的安措地线将另一极接地电流引入。

（3）不同停电方式经济性情况。工期和经济性需要综合分析，检修工期可以从两方面来考虑：①检修时间的长短。②检修时间里可开展工作的多少。在此基础上再进行经济性分析。

年度检修采用 10d 全停模式，相对于极轮停来说，检修的自然天数是最少的，极轮停自然天数 16d。在检修停电自然天数里，全停模式可开展的工作是最多的。极轮停模式下为不影响带电设备正常安全运行，部分工作开展受限，比如直流场设备检修、软件升级等工作只有在双极全停的时间里进行才是安全的。

对两种检修模式经济性的分析，主要是比较直流输送电量多少，是否充分发挥其效益，停电时间越长则越不经济。对于全停和极轮停，主要区别为极轮停模式全停天数相对全停模式来说，工期减少了 2d，比全停模式多送电 2d，而极轮停比全停模式下输送电量能力减少一半的天数多 8d。此外极轮停受天气、临时发现缺陷消缺等不可预测因素的影响，给保证检修质量和正常完工带来了一定的风险。

以 $\pm800kV$ 和满送功率为 800 万 kW 直流工程为例，按自然天数 16d 计算，取直流输送功率极限，即双极最大输送功率 800 万 kW，最小输送功率 80 万 kW。

单极最大输送功率 400 万 kW，最小输送功率 40 万
kW。输送电量值计算公式为：全停模式输送电量＝6×
24×输送功率＝144×全停模式输送功率，其中 80 万
kW＜全停模式输送功率＜800 万 kW。轮停模式输送电
量＝8×24×单极输送功率＝192×单极输送功率，其中
40 万 kW＜P 轮停模式输送功率＜400 万 kW。输送电
量统一按照 16d 计算，全停模式下，若输送功率满负
荷，16d 内 10d 全停，双极送电 6d，输送电量最大为
115200 万 kW・h；若输送最小负荷情况下，输送电量
最大为 11520 万 kW・h；"4-8-4"轮停模式下，若输
送满负荷，16d 内单极送电 8d，输送电量最大为 76800
万 kW・h，若输送最小负荷情况下，输送电量最大为
7680 万 kW・h，见表 4.1。

表 4.1 ±800kV 换流站不同停电模式下输送功率

单位：万 kW・h

停电模式	停电天数	按照 16d 计算输送电量	
		最大输送功率方式	最小输送功率方式
双极全停	10d 全停	115200	11520
轮停模式	8d 单极停运，8d 双极停运	76800	7680

上述分析可知，16d 内输送电量大于 76800 万 kW・h，
则双极全停比轮停模式更经济，即双极输送功率为
76800 万 kW・h/（24×6）＝533.3 万 kW 为临界值，

计划可输送功率平均大于 533.3 万 kW，则从输送电量上计算采用全停模式较为经济。计划可输送功率平均小于 533.37 万 kW，则从输送电量上计算采用极轮停模式较为经济。

当然，停电模式不同，检修现场安全措施的布置也有较大区别。双极全停方案的安全措施比较清晰，可做到一次设备本站与来电侧隔离，站内设备与站用电带电设备隔离为原则，按区域进行布置。

极轮停的安全措施相对全停来说，围栏的布置是重点，除了需做好停电设备的安全措施外，如一次设备本站与站外来电侧隔离，站内检修设备与站用电带电设备隔离以外，还需要考虑与站内带电设备的隔离，且不能影响带电设备的安全运行。以 12d 检修周期为例，前 4d 停电时，根据现场实际布置围栏，防止误入带电间隔。8d 全停时，需将围栏拆除，在送电前恢复安全措施。后 4d 另一极停电时，需根据现场实际设立安全措施，重新设置围栏。

由上可知，轮停方案安全措施较全停方案有很大不同。为保证在运极正常运行，极中性线区域、直流中性线区域和金属回线区域要视为带电区域，故现场布置围栏时，留有专门进出通道和明显标识指引，防止工作时误入带电间隔。且交流滤波器场要保证在运极满足绝对最小滤波器要求，站用电要保证在运极可靠供电。因此在轮流检修过程中应考虑设备检修对在运极可能造成的影响。并严格区分带电区域与非带电区域。同样二次设备方面在一极检修、一极运行的情况下也严禁进行双极控制保护的软件修改和升级工作，同时严禁在停运极的极中性线区域进行注流试验，以免对在运极造成影响。

从目前的两种停电方式上分析，直流换流站停电范围大，至少都为半站以上，因此可适用于综合检修。当然，从安全性和经济性上综合考虑，"双极全停"较"单极轮停"的综合检修模式更适用于特高压±800kV及以下电压等级换流站的检修工作的综合检修。在开展直流站综合检修工作时，可统筹送端电厂和受端电网情况，统一开展综合检修，实现综合检修的效益最大化。

4.2.3　交流 500kV 输变电检修模式分析

目前交流 500kV 电网是交直流大电网的主干网架，已经形成环网，停电计划受电网安全校核约束因素较大，不宜全停，宜采用整站最大范围内集中"轮停"的停电模式。检修模式为状态检修模式，以交流 500kV 变电站主设备的状态检修周期为基准统一进行检修。国网山西电力的试点效果证明，综合检修模式适应于交流 500kV 等级设备的检修工作。应在目前"状态检修"模式的基础上，以主变设备的状态检修周期为基准，统筹基建、市政、厂站等多方需求，统一制定检修计划，聚集资源，采用"七三工作法"，做到检修全面无死角，达到"一年不消缺，三年不年度检修，五年不技改"的目标。

4.3 综合检修的适应性分析

综合检修的组织管理模式在目前交直流大电网中各个电压等级设备的检修工作管理上具有良好的适应性。这种管理模式是以各个电压等级的状态检修或定期检修周期为基准，结合设备状态的评价结果，统筹例行检修、消缺、年度检修、技改、辅修、基建、用户、市政等停电工作，按照"七三工作法"的要求，统筹人、财、物等各方资源，集中时间和精力，做到"一停多用"，实现一个检修周期内不重复停电的"两个减少"目标，并确保人身、电网和设备的 100% 安全。

需要强调的是，适应性不代表效果好，综合检修是一项庞大的系统工程，是由安全、经济和社会效益多方系统元素组成又相互影响相互制约的系统工程。在交直流大电网中的综合检修的应用，其管理方法的适应性并不能够保障检修工作的顺利实施。如果综合检修的计划不缜密，管理不到位，横向协同纵向贯通没有落实到实际工作当中，就会适得其反，达不到综合检修的预期目的，发挥不了综合检修应有的效用。以下从管理的各个角度对综合检修在交直流大电网的应用效用进行分析。

4.3.1 计划优劣分析

计划管理是综合检修模式应用的重中之重。与常规检修的管理模式相比，综合检修计划应以实现"三遵循两减少"（遵循电力规律、科学规则和人文规约；减少电网非正常停电时间、减少人员现场作业时间）为目标，统筹合理安排电网检修工作，集中开展多设备、多专业、多需求、多方位的联合系统性检修，充分体现管理精益化，成效最大化。因此，计划的制订需各部门在科学分析、充分预判、认真核实的基础上进行。综合检修的方案、流程需针对性优化。总结国网山西电力各地市公司的历次综合检修，在实施过程中，一些衔接不畅、环节卡壳等问题偶有发生，其中关键在于方案制定时，考虑情况不是很全面，工作流程和协调实施不够优化，一定程度上影响了检修质效。

因此，在交直流大电网中应用综合检修模式，一定要利用"七三工作法"原则，重心前移，充分做好停电之前的计划安排，做到专业人才岗位设置、费用计划到位、设备材料提前到位、安全措施到位、安控工作到位、应急准备工作到位、停电检修期间的时序连续性等前置条件符合，做到停电后的检修工作能够发挥最大效能，缩短停电时间和作业人员操作时间。

根据特高压 1000kV 变电站和特高压 ±800kV 及以下电压等级换流站的跨省市、远程输电的特点，组织的协调机制和计划的制订，前后时序的连接，比省内的协同难度更大，如果上述其中一项没有考虑，就会影响检修工作质效，造成重复检修的可能。

4.3.2　资源管理分析

资源管理包括对"人、财、材、机"等方面的管理，是综合检修组织管理模式的基本保障。资源管理一是要解决资源高效节约问题，二是要解决资源合理配置的问题。在制定综合检修计划时，要充分考虑本单位的专业水平和承载力，特别是人力资源、相关设备资源，确保在规定时间内完成既定工作任务，因此，制定综合检修计划时不敢也不能贪多、贪广，否则会在某种程度上限制综合检修的效益最大化。

综合检修要"一停多用"，比常规方式统筹的方面多，难免会有遗漏，因此，人、财、材、机都要计划筹措到位。专业人才匮乏会导致检修质量下降；费用计划不周会导致已停电设备检修不全面，检修后设备状态不能得到整体提升；材料备件不足、机动车、工程检修车等资源协调不力等因素，会导致综合检修资源供应不力，无法按照工程进度实施。因此，如何准备资源，协调资源，是整个资源管理工作的难点所在。对于跨省市跨区域的特高压远程输变电设备的综合检修来说，专业人员、高精设备、检修工艺等制约效应更加明显，例如：GIS 设备同频同相耐压试验法等，目前还缺乏足够的调研、考察，对它们的应用条件、效果还不是很明确等。诸如此类的资源不足都会直接影响整体工程质量和进度，是重点要解决的问题。

4.3.3　安全性分析

保障安全是实施综合检修的前提，应确保不发生 6 级以上电网事件，不发生人身伤害，不发生有人员责任的设备事件，不发生 6 级以上质量事件，不发生有较大影响的用户停电事件。借鉴山西的经验，受电网运行方式限制，地市公司在拟定综合检修项目后，涉及 220kV 及以上线路、变电站整站、多线停电时，需充分考虑电网运行情况、在安全性及开放窗口时间，虽然部分综合检修计划十分必要，但因电网安全不具备实施条件而无法实施。

同样，在交直流大电网中的综合检修也要考虑停电检修期间可能会发生的电网安全问题。虽然调度在下达停电计划时已经考虑了网架的安全问题，但是在停电检修期间，仍应严格制定安全措施和应急准备工作，将安全负面的影响降到最低。比如在特高压 ±800kV 及以下电压等级换流站的检修工作中，如果采用"单极轮停"停电方式，其安全性较差，易发生全站停电事故，事故后对送受端电网影响较大的安全问题就必须考虑。

4.3.4　适应度分析

为了进一步对综合检修在交直流大电网中的适应性进行定量分析研究，引用"适应度"概念来检验一个综合检修计划的优劣，或者检验综合检修后结果的优劣程度。其检验的标准是综合检修必须运用"七三工作法"，达到"两个减少"的目标；必须做到"应检必检，检必

检好"，检修无死角，无漏项，实现在一个检修周期内
"三年不年度检修"的高标准。为此，适应度高的方案
就表明此案例满足综合检修以上标准的程度高。

综合检修统筹多方停电需求，与传统的"单线、间
隔"停电方式相比，"整站多线、分级分片"停电方式
使得人员和电网设备的安全性大大地提高，但如果只检
修部分设备，同停太多就会得不偿失，因为停电面积太
大就会影响检修的综合效益，经济性（输电功率）就会
下降。因此如何判别综合检修方案的优劣，适应度多少
为合适，拐点在哪里，就必须有一个明确的目标值。

为了解决上述问题，就需要定义综合检修效用函数
来说明综合检修模式的适应度问题。

为了不失一般性，给出检修环境假设如下：

【假设一】在特定检修范围内，如在最多覆盖三个
电压等级的综合检修项目中，检修资源按无限原则假
设。综合检修适应性研究忽略人力和设备资源的约束，
即人力资源、设备等资源能按照《输变电设备典型作业
时间参考标准》开展检修工作。

【假设二】检修设备关联效应单元化。由于检修项
目中的某些设备具有检修关联约束关系，即必须按照检
修时间前后顺序定义检修设备的次序，因此将存在关联
约束的检修内容集合定义为一个检修单元，该关联约束
设备的检修总时长就是该检修单元的检修时长。

同时在以上两个假设的前提下，首先给出以下定义。

定义 1：综合检修 $Y=\{S,\ U,\ R\}$，其中：综合检修设备集合 $S=\{s_i,\ i=1,\ 2,\ \cdots,\ n\}$（$s_i$ 是检修项目中的第 i 个设备），U 是针对 S 的检修率，R 是针对检修率 U 计算得出的综合检修适应度。

对于检修对象 S，我们期望有较高的检修率 U，以达到较好的综合检修适应度 R。

对特定检修对象 S，由于不同设备检修时长差异，导致同停设备的存在，甚至有些设备完全"同停"。显然累计同停时间过长的检修项目，检修率 U 就低，损失电量就大，经济效益就差，检修后还会造成重复停电二次检修的可能。而对于 R 适应度低的综合检修方案，存在较大优化空间，应该重新修订计划或建议改用常规检修管理模式。

针对综合检修项目 $Y=\{S,\ U,\ R\}$，$S=\{s_i,\ i=1,\ 2,\ \cdots,\ n\}$，设备 s_i 的停电时长是 a_i，s_i 的检修时长 b_i，$(a_i \geqslant b_i)$，则该检修项目：总停电时间 $A=(1+\alpha)\max\{a_i\}$（其中 α 为不可预见系数，$0<\alpha<1$）。

定义 2：对综合检修 $Y=\{S,\ U,\ R\}$，$S\{s_i,\ i=1,\ 2,\ \cdots,\ n\}$，设备 s_i 的检修同停时长：$c_i=A-b_i$，综合检修 Y 的平均同停时长为：$C=\dfrac{1}{n}\sum(A-b_i)$。定义综合检修率：

$$U(C)=\frac{A}{A+C} \qquad (4.1)$$

U 的值域为 $(0.5,\ 1]$。如果检修设备所用时间与停电时间一致，则 $U=1$，表示最高的检修率；如果所有停电设备几乎不检修，则 $C \approx A$，$U \approx 0.5$，表示最差的检修率。

定义 3：对综合检修 $Y=\{S, U, R\}$，$S\{s_i, i=1, 2, \cdots, n\}$，定义检修率 U 的函数 $R(U)$ 是一个综合检修方案效用函数，用来计算综合检修的适应度：

$$R(U) = \beta \ln(U+0.5) \times 100\% \qquad (4.2)$$

式中：β 为效用系数，$\beta=2.466$。

则：

（1）$R(0)=0$，$R(1)=1$，适应度 R 的取值在 0 和 1 之间。

（2）任意的检修率 $U_1 > U_2$，$R(U_1) > R(U_2)$。

注：检修目标集合 $S=\{s_i, i=1, 2, \cdots, n\}$，由于假设二，认为 s_i 之间不存在关联约束关系。

由于"三年滚动计划"，综合检修方案逐渐完善，方案优化空间越来越小，综合检修率会逐渐接近 1。显然，综合检修不适用于陪停时间过长的检修项目。

由定义 2：$U=1$ 的检修项目表示检修效率最高，反映最高检修效率。

由定义 3：基于"两个减少"目标的综合检修效用函数是综合检修率 U 的函数。检修率低的检修项目表明同停设备过多，综合检修适用度不好，要么修正计划，缩小同停设备数量或同停时间，以取得更高的适应度，要么改为常规检修管理模式。

定理：综合检修效用函数 $R(U)$ 具有以下性质：

（1）最大效用原理。当同停设备越来越多的时候，综合检修适应度越来越差。

（2）综合检修边际效用递减原理。当综合检修率较低时，综合检修方案优化空间大。反之，当综合检修率越来越高时，综合检修方案优化在带来效益增大的同时，综合检修方案优化的难度会越来越大，边际效用会越来越小。

在风险不确定条件下，综合检修的适应度决定于决策者为了获得最大期望值的程度。综合检修效用函数是测度综合检修方案优化程度的依据，不同情况下综合检修的适应度最优取值范围存在差异。

4.4　综合检修适应性实证分析

综合检修适应性分析从理论及定性的角度分析了模式适应情况，并提出了综合检修适应率计算模型为综合检修项目计划优化及实施完成的总结提供定量评估，为验证模型的正确性及结合实际数据探索综合检修适应率分布情况。下面特以国网山西电力开展的较为典型的部分综合检修项目进行实证分析。

4.4.1　大同 220kV 马军营站综合检修项目实证分析

按照计算模型，对大同 220kV 马军营站综合检修项目进行分析，有关数据见表 4.2。

表 4.2　　大同马军营站综合检修项目分析表

作业阶段	设备类型	数量	作业内容	检修时长/d	作业同停时长/d
第一阶段	主变	1 台	更换油枕胶囊	5.0	0.5
	断路器	5 台	开关更换	5.0	0.5
	隔离开关	21 台	刀闸年度检修	4.0	1.5
	电容器	4 组	更换	5.0	0.5
	开关柜	13 面	更换	5.0	0.5
	喷涂	38 台/相	RTV 喷涂	5.0	0.5
	防腐	38 台/相	防腐	5.0	0.5
综合检修率/%	93		综合检修适应度/%		89
总停电时间/d	5.5		平均同停设备时长/d		0.6
1+α（不可预见系数 α=0.1）	1.10				
第二阶段	断路器	5 台	开关更换	4.0	0.4
	隔离开关	24 台	刀闸年度检修	4.0	0.4
	喷涂	46 台/相	RTV 喷涂	4.0	0.4
	防腐	46 台/相	防腐	4.0	0.4
综合检修率/%	94		综合检修适应度/%		87
总停电时间/d	4.4		平均同停设备时长/d		0.4
1+α（不可预见系数 α=0.1）	1.10				

续表

作业阶段	设备类型	数量	作业内容	检修时长 /d	作业同停 时长/d
第三阶段	主变	1 台	更换油枕胶囊	9.0	2.0
	断路器	6 台	开关更换	9.0	2.0
	隔离开关	21 台	刀闸年度检修	9.0	2.0
	开关柜	13 面	更换	10.0	1.0
	喷涂	38 台/相	RTV 喷涂	9.0	2.0
	防腐	38 台/相	防腐	8.0	3.0
综合检修率/%		85	综合检修适应度/%		73
总停电时间/d		11	平均同停设备时长/d		2
1+α（不可预见 系数 α=0.1）		1.10			

注　总停电时间应考虑不可预见因素，乘以系数 1.1。

以该综合检修第一阶段为例，具体计算过程如下：

综合检修 Y 中检修设备数 $N=7$。

综合检修停电时间 $A = \max\{5,\ 5,\ 4,\ 5,\ 5,\ 5,\ 5\} = 5$，引入不可预见因素后，$A=5.5$。

综合检修平均同停时长 $C = \dfrac{1}{n}\sum(A - b_i) = 1/7 \times (5.5-5+5.5-5+5.5-4+5.5-5+5.5-5+5.5-5+5.5-5) = 0.6$。

综合检修率 $U(C) = \dfrac{A}{A+C} \times 100\% = 5.5/(5.5 +$

$0.6) \times 100\% = 93\%$。

综合检修的适应度 $R(U) = \beta\ln(U + 0.5) \times 100\% = 2.466 \times \ln(0.93 + 0.5) \times 100\% = 89\%$。

以上数据显示：马军营站综合检修项目第一阶段的综合检修率 93%，综合检修适应度 89%，第二阶段的综合检修率 94%，综合检修适应度 87%，第三阶段的综合检修率 85%，综合检修适应度 73%，检修工作与综合检修模式适应性良好。

4.4.2 大同 500kV 雁同站综合检修项目实证分析

按照计算模型，对大同 500kV 雁同站综合检修项目进行分析，有关数据见表 4.3。

表 4.3 大同雁同站综合检修项目分析表

作业阶段	设备类型	数量	作业内容	检修时长/d	作业同停时长/d
第一阶段	主变	1 台	更换油枕胶囊	15.0	1.5
	断路器	2 台	开关更换	15.0	1.5
	隔离开关	2 台	刀闸更换	15.0	1.5
	电流互感器	9 台	互感器更换	15.0	1.5
	保护	8 套	测控装置更换	15.0	1.5
综合检修率/%		93	综合检修适应度/%		89
总停电时间/d		16.5	平均同停设备时长/d		1.5
1+α（不可预见系数 α=0.1）		1.10			

作业阶段	设备类型	数量	作业内容	检修时长/d	作业同停时长/d
第二阶段	断路器	2 台	开关更换、新增	12.0	1.2
	隔离开关	4 台	刀闸更换、新增	12.0	1.2
	电压互感器	4 台	更换	12.0	1.2
	电流互感器	3 台	新增	12.0	1.2
	保护	1 套	测控装置更换	12.0	1.2
综合检修率/%		92	综合检修适应度/%		86
总停电时间/d		13.2	平均同停设备时长/d		1.20
1+α（不可预见系数 α=0.1）		1.10			
第三阶段	断路器	2 台	更换油枕胶囊	9.0	0.9
	隔离开关	2 台	开关更换	9.0	0.9
	电流互感器	6 台	刀闸年度检修	9.0	0.9
	保护	3 套	加装	9.0	0.9
综合检修率/%		90	综合检修适应度/%		84
总停电时间/d		9.9	平均同停设备时长/d		0.90
1+α（不可预见系数 α=0.1）		1.10			

以上数据显示：雁同站综合检修项目第一阶段的综合检修率 93%，综合检修适应度 89%，第二阶段的综合检修率 92%，综合检修适应度 86%，第三阶段的综

合检修率 90%，综合检修适应度 84%，检修工作与综合检修模式适应性良好。

4.4.3 特高压 1000kV 长治站项目实证分析

按照计算模型，对 1000kV 长治站综合检修项目进行分析，有关数据见表 4.4。

表 4.4　　　长治站综合检修项目分析表

作业阶段	设备类型	数量	作业内容	检修时长/d	作业同停时长/d
第一阶段	主变	2 组	风机更换	8.0	3.0
	高抗	1 组	渗油处理	7.0	4.0
	1000kV 断路器	5 台	机构打压频繁处理	10.0	1.0
	500kV 断路器	12 台	压力表计加装阀门	9.0	2.0
	500kV 隔离开关	24 台	压力表计加装阀门	8.0	3.0
	110kV 隔离开关	22 台	安装增爬伞裙	10.0	1.0
	110kV 电容器	8 组	部分电容器不平衡 TA1 更换	10.0	1.0
综合检修率/%		84	综合检修适应度/%		72
总停电时间/d		13	计算总同停设备/件		80
1+α（不可预见系数 α=0.1）		1.1			

续表

作业阶段	设备类型	数量	作业内容	检修时长/d	作业同停时长/d
第二阶段	500kV 断路器	6 台	检修预试	8.0	0.8
	500kV 隔离开关	12 台	检修预试	8.0	0.8
	500kV 母线	1 条	检修预试	7.0	1.8
	500kV 避雷器	2 台	检修预试	6.0	2.8
	500kV 电压互感器	3 台	检修预试	7.0	1.8
综合检修率/%	85		综合检修适应度/%		73
总停电时间/d	8.8		平均同停设备时长/d		1.6
$1+\alpha$（不可预见系数 $\alpha=0.1$）	1.1				

注　总停电时间应考虑不可预见因素，乘以系数 1.1。

以上数据显示：长治站综合检修项目第一阶段的综合检修率为 84％，综合检修适应度为 90％，第二阶段的综合检修率为 85％，综合检修适应度为 73％，检修工作与综合检修模式适应性良好。

4.4.4　适应度数据分布分析

按照计算模型，对以上 3 站及其他 9 站综合检修进行适应度分析，有关数据见表 4.5。

根据上述综合检修项目适应度计算结果，完成数据分布散点图，如图 4.1 所示。

表 4.5　　　　**综合检修适应度数据表**

序号	变电站	电压等级	停电时间/d	综合检修率/%	综合检修适应率/%	平均同停设备时长/d
1	长治站	1000kV	11	84	72	0.9
			8.8	85	73	1.6
2	雁同站	500kV	16.5	93	89	1.5
			13.2	92	86	1.2
			9.9	90	84	0.9
3	马军营站	220kV	5.5	93	89	0.6
			4.4	94	87	0.4
			11	85	73	2
4	西谷站	220kV	2.2	86	75	0.3
5	古交站	220kV	5.5	86	76	0.9
6	闻喜—三家庄站	220kV	2.2	87	77	0.3
7	胜溪站	220kV	5.5	89	82	0.7
8	孝义站	220kV	6.6	82	69	1.4
9	盂县站	220kV	17.6	88	79	2.5
10	连庄站	220kV	2.2	92	84	0.7
11	张礼站	220kV	6.6	89	87	1.4
12	刘村站	220kV	4.4	94	85	1.1
13	长安站	220kV	2.2	92	86	0.2

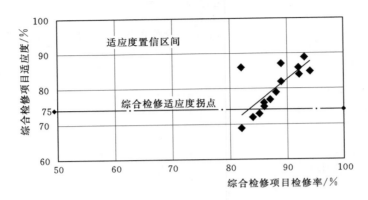

图 4.1　综合检修项目适应率数据分布图

根据上图数据分布特点，综合检修项目检修率和适应度基本分布于 60%～100% 的区域内，且除极个别特殊项目外，综合检修适应度置信区间为 [75%，100%]。因此，我们称 75% 为综合检修适应度的拐点。

4.5　综合检修开展原则

（1）综合检修管理模式理论上适合于交直流大电网各个电压等级设备的检修工作。

（2）根据资源情况决定综合检修范围，不要求贪多贪大，应在 2～3 个电压等级内开展工作。

（3）在一个检修周期内，只开展一次综合检修。

（4）适应度低于 75% 时，设备同停时间过长，不宜开展综合检修，或优化项目方案后使得适应度提高至 75% 以上。

（5）压倒一切的重要任务，应全力以赴完成，不计适应度。

4.6　本章小结

本章对各电压等级综合检修的适应性进行了深入分析，并建立电网综合检修的适应性分析模型，通过实证分析得出了"综合检修模式理论上适合于交直流大电网各个电压等级设备检修"这一结论，并据此提出了综合检修开展的原则。

第5章 交直流大电网综合
检修协同机制流程
及制度规范

本章主要介绍综合检修协同管理机制、管理制度及流程管理等管理制度流程的固化和完善，按照电压等级规范各类设备检修的标准化作业流程，通过固化的管理制度和流程，有利于指导电网企业在交直流混合电网背景下进行综合检修，并提升电网企业交直流混合电网大电网背景下的检修管理水平。

5.1 交直流大电网中
综合检修模式

交直流大电网综合检修模式是在交直流大电网中进行综合检修工作的管理模式。其管理体系包括协同工作机制、设备运维检修的管理制度和流程；按照电压等级分类可分为 220kV 及以下输变电设备综合检修、500kV（330kV 电压等级同样适用）输变电设备综合检修、1000kV 输变电设备综合检修及直流输变电设备综合检修等模式。目前，国网山西电力已经广泛开展的

220kV 及以下、500kV、1000kV 等电压等级的综合检修工作已取得一定经验，而直流换流站的综合检修模式尚需进一步深入研究。

5.2　跨省市的综合检修协同工作机制

国家电网是以特高压电网为骨干网架，各级电网协调发展的交直流混合电网，交流特高压定位于国家电网骨干网架和跨区、跨省联网送电，直流输电定位于跨区、跨省输电外送。当特高压交流电变电站或直流换流站整站停电、分级分片及轮停等检修时，必定会影响到同条线路上各省市的特高压变电站或直流换流站及其周边发电厂、500kV 变电站的停电或部分停电。根据综合检修统筹各方停电计划，横向协同纵向贯通的原则，在发生上述停电检修时，建立跨省市跨区域的综合检修协同机制就显得非常必要。

5.2.1　跨省市、跨地区组织机构平台设置

跨省市、跨区域的电力企业之间是一种松耦合的组织关系，特定情况下的停电检修业务使得企业之间产生了停电检修的工作协同关系。目前，国家电网公司针对此类停电检修工作制定了明确的管理规定，更确切地说是专业归口的界定。如《国家电网公司关于进一步完善主网停电计划协调机制的通知》中对于 500kV 及以上

主网停电计划协调机制（仅限于国家电网公司的相关部门）的职责分工、工作机制的规定。但是在实施跨省市、跨区域的检修工作时，停电计划的申报、平衡和审定仅仅是停电检修大项目的一部分，而综合检修工作的实施、检修效益的评估等多个环节的协同机制，还有待继续完善。

鉴于综合检修工作管理模式的特点，跨省市、跨区域的停电检修的协同机制，包括组织机构职责、管理方法、实施过程管控等方面，以国家电网公司为例建议方案如下。

国家电网公司的职责：项目总协调和管理。具体职责包括收集、平衡、审核项目相关省份的停电检修计划，利用综合检修效用函数，反复测算调整计划中的关键因素，提升检修效用；聚集资源，尤其在特高压检修专业人才缺少的情况下解决项目中参与各方的人才及设备等资源需求；监控项目进度，应急处理需要协调的重大问题；项目终结报告的审查，经验总结和评估，项目关闭。

项目成员单位的职责：制定本（单位）公司停电检修计划，用效用函数计算效用值，综合各个关键因素，调整参数，提升效用值，使得综合检修能达到预期的安全、经济和社会效益；参加项目各种会议，执行国家电网公司下发的检修计划。结合本计划与其他停电计划，在省内横向协同、纵向贯通、聚集资源，在资源紧缺的情况下，向国家或兄弟省市申请资源协助，按照项目的要求及时向国家电网汇报项目进度，及时汇报或发布动态信息，做好项目终结报告，最后对子项目（本单位实施部分）进行评估和效益分析，总结经验，以利于推广。

检修工作停电前主要工作管理方法：从前期计划编制，计划平衡到最终审批计划，要反复讨论和研究检修计划的可行性，停电时间的可压缩性和同步性问题。针对项目成员单位的资源需求，予以提前调拨或支援；停电前能解决的问题，要在停电前全部解决，提高停电时间内的工作有效度，提升检修效用，达到"两个减少"目的，确保人身及设备安全。

检修工作实施阶段：把握归口管理原则，聚集资源，针对项目执行过程中出现的难以解决的问题予以指导和帮助；国家电网公司各专业部门做好归口单位的技术指导，主管机构关注各项目单位的计划执行情况；建立良好的沟通机制，下发各种项目沟通模板，沟通方式，要求提交项目进度计划和终结报告，最后对项目进行评估，总结经验，以利于推广。

项目结束时，项目团队即可解散，有新的跨省市跨区域的停电检修项目时，根据新项目的特点，重新组建项目团队（项目成员），其基本组织机构和职责基本类似，并不断总结、完善，真正形成高效的跨省市跨区域协同机制，真正做到"一停多检"，协同顺畅。

5.2.2　省内组织机构平台设置

参照国网山西电力组织机构设置与职责定义，并根据各自省市公司的实际情况进行适应性修改。

5.2.3　跨省市的综合检修项目管理模式

由于国家电网公司各级机构的组织形式是以职能型组织结构为主，专业归口指导和管理力度大，但横向专业协同力度需加强。大电网特高压变电站和直流换流站的跨省市综合检修，其组织机构拟采用矩阵型组织方式。这是一种本级公司常规管理各部门协同（横向）和专业归口管理（纵向）结合的混合型组织形式，在常规职能层级结构上"加载"了一种水平项目管理结构。这种组织形式，即可以习惯性地行使常规管理，又能够采用项目化的管理优势，目标是项目的综合效益最优化，满足各项目成员单位的安全和经济效益最优化。和省内电网公司检修流程的区别在于，项目的提出是基于项目组织单位——各省级公司，项目分计划方案的编制、修订和执行由各省项目经理牵头，国家电网公司审核制定项目计划；项目过程管理由各省项目经理协调各区域电网公司运检和调度等相关部门；项目总协调由国家电网公司担任，协同调度资源，关注项目进度，解决项目中难以解决的跨省市的重要问题。组织体系如图 5.1所示。

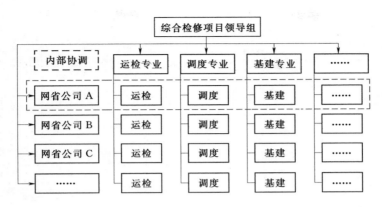

图 5.1 跨省市综合检修管理组织体系

5.3 交直流大电网综合检修管理制度的完善

设备检修作业是公司生产的主要部分，是公司安全生产的重要环节，是实现安全生产"可控、能控、在控"的重要保证。国网通用管理制度，在综合检修中主要以规范人员行为、控制作业流程、提高检修效率、确保作业安全为目的，围绕运维、检修作业全过程管理的制度，将整个作业过程标准化，强调前期准备、工作流程、危险点预控与防范、现场执行、绩效评估等相关管理环节，具有较强的针对性、实用性和可操作性。依据国家电网公司提出的"一强三优"战略目标，为达到电网坚强的目的，电网设备必须保证安全、可靠运行。

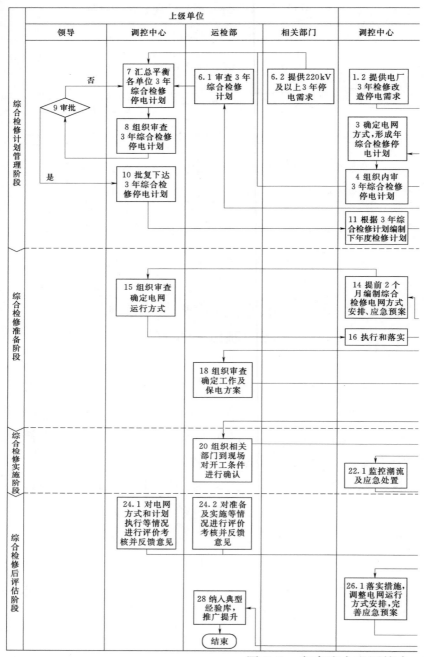

图 5.2 交直流大电网综合

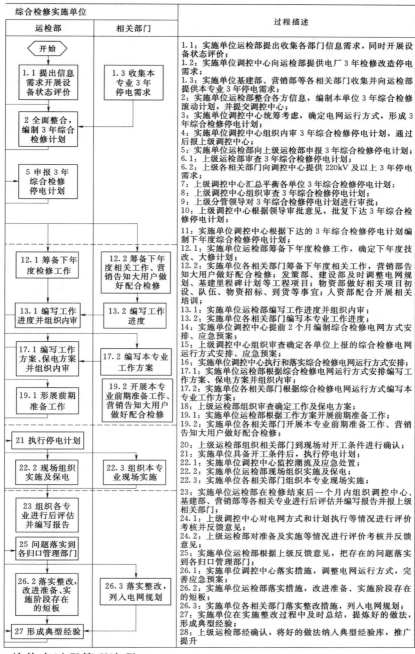

综合检修实施单位		过程描述
运检部	相关部门	

		过程描述
〈开始〉		1.1：实施单位运检部提出收集各部门信息需求，同时开展设备状态评价；
1.1 提出信息需求并开展设备状态评价	1.3 收集本专业3年停电需求	1.2：实施单位调控中心向运检部提供电厂3年检修改造停电需求； 1.3：实施单位基建部、营销部等各相关部门收集并向运检部提供本专业3年停电需求；
2 全面整合，编制3年综合检修计划		2：实施单位运检部整合各方信息，编制本单位3年综合检修滚动计划，并提交调控中心； 3：实施单位调控中心统筹考虑，确定电网运行方式，形成3年综合检修停电计划； 4：实施单位调控中心组织内审3年综合检修停电计划，通过后报上级调控中心；
5 申报3年综合检修停电计划		5：实施单位运检部向上级运检部申报3年综合检修停电计划； 6.1：上级运检部审查3年综合检修停电计划； 6.2：上级各相关部门向调控中心提供220kV及以上3年停电需求； 7：上级调控中心汇总平衡各单位3年综合检修停电计划； 8：上级调控中心审查3年综合检修停电计划； 9：上级分管领导对3年综合检修停电计划进行审批； 10：上级调控中心根据领导审批意见，批复下达3年综合检修停电计划； 11：实施单位调控中心根据下达的3年综合检修停电计划编制下年度综合检修停电计划；
12.1 筹备下年度检修工作	12.2 筹备下年度相关工作、营销告知大用户做好配合检修	12.1：实施单位运检部筹备下年度检修工作，确定下年度技改、大修计划； 12.2：实施单位相关部门筹备下年度相关工作，营销部告知大用户做好配合检修、发策部、建设部及时编制电网规划、基建里程碑计划等工程项目；物资部做好相关项目初设、队伍、物资招标、到货等事宜；人资部配合开展相关培训；
13.1 编写工作进度并组织内审	13.2 编写工作进度	13.1：实施单位运检部编写工作进度并组织内审； 13.2：实施单位各相关部门编写本专业工作进度； 14：实施单位调控中心提前2个月编制综合检修电网方式安排、应急预案；
17.1 编写工作方案、保电方案并组织内审	17.2 编写本专业工作方案	15：上级调控中心组织审查确定各单位上报的综合检修电网运行方式安排、应急预案； 16：实施单位调控中心执行和落实综合检修电网运行方式安排； 17.1：实施单位运检部根据综合检修电网运行方式安排编写工作方案、保电方案并组织内审； 17.2：实施单位各相关部门根据综合检修电网运行方式编写本专业工作方案；
19.1 形展前期准备工作	19.2 开展本专业前期准备工作、营销告知大用户做好配合检修	18：上级运检部组织审查确定工作方案及保电方案； 19.1：实施单位运检部根据工作方案开展前期准备工作； 19.2：实施单位各相关部门开展本专业前期准备工作、营销告知大用户做好配合检修；
21 执行停电计划		20：实施单位运检部组织相关部门到现场对开工条件进行确认； 21：实施单位具备开工条件后，执行停电计划；
22.2 现场组织实施及保电	22.3 组织本专业现场实施	22.1：实施单位调控中心监控潮流及应急处置； 22.2：实施单位运检部现场组织实施及保电； 22.3：实施单位各相关部门组织本专业现场实施；
23 组织各专业进行后评估并编写报告		23：实施单位运检部在检修结束后一个月内组织调控中心、基建部、营销部等各相关专业进行后评估并编写报告并报上级相关部门； 24.1：上级调控中心对电网方式和计划执行等情况进行评价考核并反馈意见； 24.2：上级运检部对准备及实施等情况进行评价考核并反馈意见；
25 问题落实到各归口管理部门		25：实施单位运检部根据上级反馈意见，把存在的问题落实到各归口管理部门；
26.2 落实整改，改进准备、实施阶段存在的短板	26.3 落实整改，列入电网规划	26.1：实施单位调控中心落实措施，调整电网运行方式，完善应急预案； 26.2：实施单位运检部落实措施，改进准备、实施阶段存在的短板； 26.3：实施单位各相关部门落实整改措施，列入电网规划；
27 形成典型经验		27：实施单位在实施整改过程中及时总结，提炼好的做法，形成典型经验； 28：上级运检部经确认，将好的做法纳入典型经验库，推广提升。

检修全过程管理流程

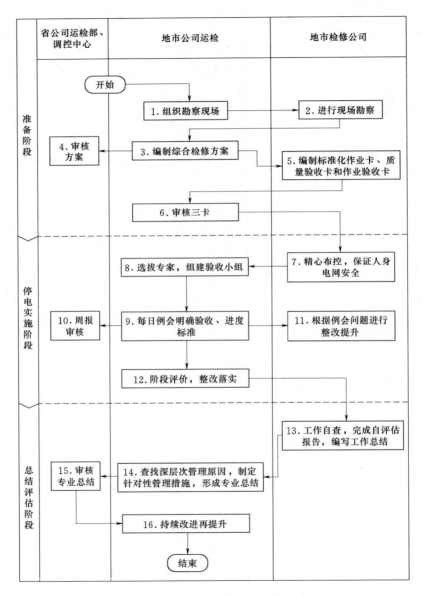

图 5.3   220kV 及以下综合检修工作流程

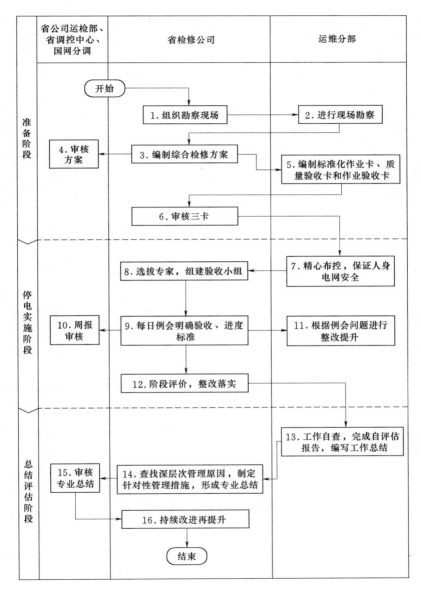

图 5.4 500kV 综合检修工作流程

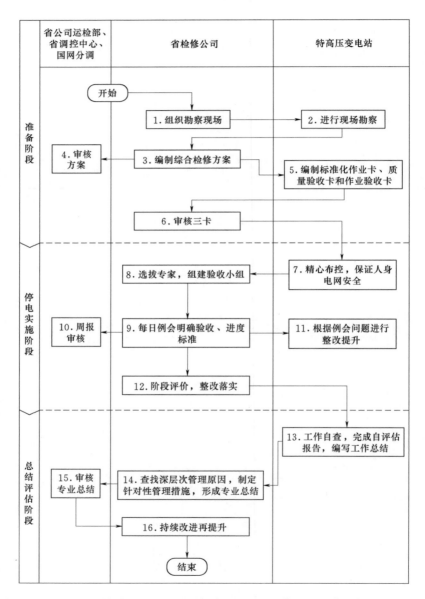

图 5.5 特高压 1000kV 及直流输电综合检修工作流程

5.4 交直流大电网综合检修全过程管理流程的完善

各电压等级的综合检修过程管理流程，以交直流大电网综合检修全过程管理流程（图5.2）为基础，并根据设备特点、调度范围、管理单位和关联部门等不同情况，对综合检修计划管理、前期准备、停电实施和后期评估等环节进行细化和完善。

各电压等级综合检修工作细化执行流程如图5.3～图5.5所示。有关流程说明略。

5.5 本 章 小 结

综合检修的协同机制是关键，协同机制的关键是建立跨区域、跨层级、跨专业、跨部门的组织机构、职责和工作内容。综合检修正常运作的关键在于规范化的管理机制。本章在对国网山西电力综合检修多年来形成的管理办法和工作流程整理工作的基础上，结合交直流大电网设备运行和运维检修管理特点，提出并完善了交直流大电网综合检修管理制度和全过程管理流程。并对国网范围内的综合检修协同机制提出建议，即采用专业项目组织的管理模式。在实际应用中，因不同单位的协同机制，不同于国网山西电力实行职能性组织、项目化运作的管理模式，因此本模式仅作为推广应用综合检修管理模式的一种参考。

第6章 综合检修在交直流大电网中的综合效益

交直流大电网综合检修，是对电力企业交直流大电网设备检修工作的探索和实践。本章通过效益分析来检验综合检修开展的实用性和有效性，对综合检修在国网山西电力乃至全国的推广具有实际意义。

保障安全是检修工作的基础和前提，是检修应取得的最大效益。通过综合检修安全效益分析，就是明确检修过程设备安全、电网安全和作业人员安全产生的直接和间接效益。

作为国家支柱产业，电力企业在保障国家安全、维护社会稳定、确保企业和群众生产生活有序等方面责任重大，社会效益分析能够辨识综合检修工作所产生的社会效益，有利于企业通过管理水平，进一步提升企业形象和社会责任。

企业各项生产活动中，经济效益是工作成效的重要参考内容，开展经济效益分析能够评估综合检修各项工作在资源投入及管理、增收节支和规划调度等方面的管理水平，为检修工作的集约、高效开展提供方向。

6.1　综合效益评价指标体系

6.1.1 电网检修效益指标选择的原则

（1）科学性原则。电网检修效益评价指标体系，必须能够通过观察、测试、评议等方式得出明确结论的定性或定量指标，指标体系客观和真实地反映电网检修系统发展演化的状态，从不同角度和侧面进行衡量，都应坚持科学发展的原则，统筹兼顾，指标体系过大或过小都不利于做出正确的评价。

（2）系统性原则。系统性原则要保证指标体系的系统观、历史观、过程观，既要从社会性、安全性、经济性考虑，又要注意三个方面的指标平衡，不能有太大的倾斜。

（3）独立性原则。系统由于多种因素的相互作用、相互制约，指标的选择要尽可能保持独立性，相关程度太大有时会影响评价结果。

（4）层次性原则。层次性是指指标体系具有多层级结构组成，指标体系反映各层次的特征。电网检修绩效是多层次、多因素综合影响和作用的结果，评价指标应具有层次性，能从不同层次反映电网检修实际情况。①指标体系从整体层次上把握评价目标，以保证评价的全面性和可信度。②考虑在指标设计上按照指标间的层次递进关系，尽可能体现出一定的梯度。

（5）动态性原则。静止是相对的、变化是绝对的，因此指标之间的相互联系具有动态性，现实系统由于受环境影响，为适应环境需进行动态调整。由于影响电网检修效果的内外部因素的变化，评价指标应针对评价目标，体现动态性特点。

（6）可操作性原则。评价指标的可操作性表示指标数据的采集是可以实现的。对不易采集的指标数据，可通过蒙特卡洛方法并依据指标的概率分布生成虚拟样本。

6.1.2 电网检修综合效益指标的制定

综合检修的综合效益是由供电可靠性效益、安全效益和经济效益共同构成，且涵盖领域广泛的复杂大系统，建立能够从各方面综合体现检修的综合效益的评价指标体系是进行综合效益分析评价的前提和基础。根据交直流大电网的特点，遵循层次分析原理，将综合效益评价指标体系分为 3 个层次（图 6.1）。最上层为目标层，即综合检修综合效益指数（A），该指数是综合三方面效益的综合体现。第二层为指标类别层，包括供电可靠性效益（B_1）、安全效益（B_2）、经济效益（B_3）；第三层为具体评价指标层 $C_i(i=1,2,\cdots,m)$，是在综合分析相关研究成果的基础上，遵循科学、实用及简明的原则，提出的若干项具体评价指标。

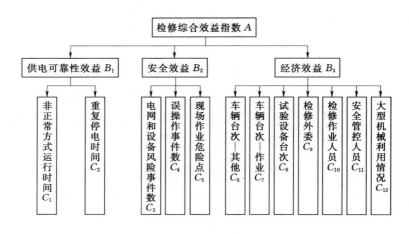

图 6.1　检修综合效益评价层次结构结构图

　　检修综合效益评价指标体系见表 6.1，当然还可以根据检修环境不同增加更多更细的指标。在供电可靠性方面，主要是检验综合检修的"两个减少"和在一个检修周期内不重复停电的目标是否达到，也是体现检修质效优劣的指标，如果做到了"应修必修，修必修好"，真正体现出综合检修"一年不消缺、三年不年度检修、五年不技改"理念的执行效果，则供电可靠性大大提高，损失电量也大大减少。在安全效益方面，包括人身安全、电网设备安全和电网安全因素，做计划时，主要考衡安全风险点因素，用各电压等级风险和误操作事件数风险分值来体现。在经济效益方面，除了供电可靠性提高会减少电量损失（经济效益）外，主要还是从检修成本、费用和人力投入等方面的指标来评价。由于综合效益的评价指标，已经包含了社会效益的内涵，因此，不再增加社会效益类指标。

表 6.1　　　　　检修综合效益评价指标体系

类别层	指标层	指 标 解 释
供电可靠性效益	非正常方式运行时间	单个综合检修项目实行临时运行方式的时间。电网非正常方式是指针对综合检修多种检修方式、系统性试验、配合基建技改和用户工程施工等要求，需要进行专题安全校核，制定并下达安全稳定措施及运行控制方案的临时运行方式
	重复停电时间	由于综合检修计划和检修方式安排不合理、设备检修质量不过关或其他设备检修引起的异常因素，造成现场设备重复操作和检修作业的时间
安全效益	人身、电网和设备风险事件数	在生产作业活动过程中，由于组织不完善、管理不到位、行为不规范、措施不落实等可能引起人身、电网和设备事故的风险事件数。 人身风险（safty loss risk）：现场实施阶段由于管理人员、关键岗位人员、具体作业人员违反《电力安全工作规程》（GB 26860、GB 26859）等规程规定，行为不规范而造成安全事故的风险。 电网风险（power grid loss risk）：计划安排不合理造成电网运行方式存在薄弱环节、在运设备运行环境差、发输供电能力不足、系统稳定性大幅降低等。 设备风险（equipment loss risk）：设备面临的和可能导致的风险，是综合考虑故障概率与损失后果的数学期望
	误操作事件数	指单个综合检修项目报告期六级误操作事件和五级误操作事件的次数之和。 误操作：3kV及以上电气设备发生带负荷误拉（合）隔离开关、带电挂（合）接地线（接地开关）、带接地线（接地开关）合断路器（隔离开关）

类别层	指标层	指 标 解 释
经济效益	车辆台次（其他）	单个综合检修项目所有作业现场使用生产管理车辆（包括小型轿车、越野车、面包车、客车等）、生产普通车辆［包括轿货两用车（皮卡）、客货两用工程车、越野车、面包车、货车等］台班数量（按工作日计算）
	特种车辆台次	单个综合检修项目所有作业现场使用生产特种车辆（包括高空作业车、带电作业车、吊车、发电车、检修试验车等）台班数量（按工作日计算）
	试验设备台次	单个综合检修项目所有作业现场使用大型试验装备台次（按工作日计算）
	检修外委	指承发包单位通过签订业务外包合同，采取劳务外包或专业外包的方式，完成特定任务的企业间经济行为。核心业务不得外包，常规业务可根据各单位人力资源实际情况适度开展外包，其他业务宜推进外包
	检修作业人员	单个综合检修项目所有作业现场包括运维、检修、电气试验、二次运检、信息通信、土建、基建技改工程施工以及相关发电企业、用户、设备制造厂家配合检修的工作人员数量
	安全管控人员	单个综合检修项目所有作业现场包括到岗到位领导干部和管理人员、专职安监人员、班组专（兼）安全员、监理人员的数量
	大型机械利用情况	单个综合检修项目所有作业现场使用大型机械作业支架、大型运维装备和检修装备的台次数量（按工作日计算）

6.2 综合效益评价

6.2.1 指标无量纲化处理

由于评价指标体系量纲不同,指标功能也不同,且指标间数量差异较大,使不同指标在量上不能直接进行比较,必须对统计指标进行无量纲处理。

对于供电可靠性的无量纲化指标的处理,用综合检修与常规检修停电时间之比来表示,其值越小越好。安全性指标中的风险点指标的无量纲化处理,采用小于1的安全风险分值(表6.2)来体现人身、设备和电网的安全性,电压等级越高和风险点越多的风险分值越低,其值越大越好。表6.2给出了对应于安全事件级别与发生次数之间的分值,无安全隐患时,$x=1$;存在五级安全风险,且个数在1~3个以内时,则 $x=0.6$,3个以上则 $x=0.45$,其他情况详见表6.2所给出的各自对应的安全系数。对于一个综合检修项目来说,可能会存在多个安全风险等级,为了突出主要因素,同时结合次要因素,综合计算安全风险值。安全系数主要因素的取值取各安全系数的最小值为基数,即 $\max(x_1, x_2, \cdots, x_n)$,$1 \leqslant n \leqslant 8$,因此 $x > 0.4$。次要因素的取值在基数的前提下进行适量的减少,减少的原则是不能使得最终的分值高于上一级别的分值。比如,最高安全级别为五级,并且有3个以上的风险可能,根据表6.2对照表，主要因素取值为 0.45，但是六级风险有一个也存在，并且有 3 个以上的风险可能，那么使得分值在 0.45 的基数上再进行减少，但是，不能减少到 0.4 以下，即相当于四级安全风险值［具体计算见公式 (6.1)］越大，安全系数越高，效用越好；反之，x 越小，安全性越差。因此，x 的取值较真实地体现了安全因素对于综合效益的重要程度，x 的取值范围为 $0 \leqslant x \leqslant 1$。经济效益指标用综合检修与常规检修的比值做无量纲化的处理，其值越小越好，表明投入少收益高。

表 6.2　　　　　　　安全风险事件对照表

序号	安全事件类型	安全事件级别（危险点）	1～3 个（可能）	3 个以上（可能）	说　明
1		无	1		三级及以上等级安全事件为综合检修工作开展排他性指标，故不计入对照表
2	电网/设备/人身/误操作	四级	0.4	0.25	
3		五级	0.6	0.45	
4		六级	0.7	0.55	
5		七级	0.8	0.65	
6		八级	0.9	0.75	

安全风险事件分值计算公式：

$x=$ 最高风险级别分值（四级为高，八级为低）$-$ 次要风险事件分值 $\times \dfrac{1}{12} \times \dfrac{1}{8} -$ 更低风险事件分值 $\dfrac{1}{120} \times \dfrac{1}{80}$

$$(6.1)$$

注：次要风险及更低风险事件分值所乘系数依据发生次数选择。

6.2.2 综合评价指标权重

评价指标权重的确定在综合效益评价中占有非常重要的位置，评价指标权重大小反映了各指标相对重要性，对评价结果有十分重要的影响。评价指标权重的含义为：在横向上，指标权重反映了该指标变化对综合效益变化所起作用的大小；在纵向上，指标权重表示了该指标在同一评价指标层次中所处的重要地位，权重确定合理与否将直接影响评价结果。权重确定方法较多，如多元统计分析法、模糊方程求解法、层次分析法、专家咨询法等。由于综合效益影响因素多，因素间相互关系复杂等特点，本文利用层次分析法（AHP）确定各评价指标权重。

在层次分析法中，能使判断实现定量化的关键，在于三个要素对于准则（综合检修效益）的相对优越程度的定量描述。对单一准则来说，进行三个检修方案的比较总能判断出优劣。层次分析法采用 1～9 标度方法，对不同情况的评比给出数量标度见表 6.3。

表 6.3 数 量 标 度 表

标　　度	定义与说明
1	两个元素对某个属性具有同样重要性
3	两个元素比较，一元素比另一元素稍微重要
5	两个元素比较，一元素比另一元素明显重要

续表

标　度	定义与说明
7	两个元素比较，一元素比另一元素重要得多
9	两个元素比较，一元素比另一元素极端重要
2，4，6，8	表示需要在上述两个标准之间折中时的标度
$1/b_{ij}$	两个元素的反比较

判断矩阵的一致性检验是指判断思维的逻辑一致性指标：

$$CI = \frac{\lambda_{\max} - n}{n - 1} \tag{6.2}$$

一般情况下 $CI \leqslant 0.10$，就认为判断矩阵具有一致性。据此而计算的值可以接受。

随机一致性比值：$CR = CI/0.58$，0.58 为随机一致性指标。

（1）综合效益横向三个类别权重的确定。根据对实证综合检修项目三个要素的评判和数据统计，构造判断矩阵，并进行一致性检验，得到权重系数，见表 6.4。

表 6.4　　　　综合效益目标判断矩阵

要素类别	B_1	B_2	B_3	权重系数
供电可靠性 B_1	1	2	3	0.312
安全性 B_2	1/2	1	6	0.49
经济性 B_3	1/3	1/6	1	0.198

注　$\lambda_{\max} = 3.0092$，$CI = 0.0046$，$RI = 0.58$，$CR = 0.007939 < 0.1$。

（2）计算各指标对总指标的权重。

1）层次单排序及一致性检查。记 C_i 对 B_i 的权重为 W_j，B_j 对于 A 的权重为 b_i。构造两两比较判断矩阵求得层次单排序及其一致性检验结果，见表 6.5、表 6.6。

表 6.5　　　　判断矩阵 B_1—C_i 极其特征值

B_1	C_1	C_2	权重系数
C_1	1	3	0.75
C_2	1/3	1	0.25

注　$\lambda_{max}=3.0092$，$CI=0.0046$，$RI=0.58$，$CR=0.007939<0.1$。

表 6.6　　　　判断矩阵 B_3—C_i 极其特征值

B_3	C_6	C_7	C_8	C_9	C_{10}	C_{11}	C_{12}	权重系数
C_6	1	1/3	1/2	1/8	2	3	1/5	0.05
C_7	3	1	2	1/3	5	7	1/2	0.15
C_8	2	1/2	1	1/5	3	5	1/3	0.09
C_9	8	3	5	1	8	9	3	0.38
C_{10}	1/2	1/5	1/3	1/8	1	2	1/7	0.04
C_{11}	1/3	1/7	1/5	1/9	1/2	1	1/8	0.02
C_{12}	5	5	3	1/3	7	8	1	0.26

注　$\lambda_{max}=6.274$，$CI=0.053$，$RI=1.25$，$CR=0.0421<0.1$。

2）评价指标权重。根据综合效益指数 A 对指标类别 B 层的权重值分配，再根据各类别内部指标 C 层对类别 B 的权重值分配，得出 B_1 和 B_3 类指标对 A 的权重值，由于 B_2 类的 3 个指标已经单一指标化（统一由

C_3 表示）处理，因此，所有指标 C_i 对综合效益指数 A 的权重值见表 6.7。

表 6.7　　判断矩阵 A—C_i 极其特征值

指标类别	评价指标	权重值
可靠性效益指标	C_1	0.234
	C_2	0.078
安全效益指标	C_3	0.490
经济效益指标	C_6	0.011
	C_7	0.030
	C_8	0.018
	C_9	0.076
	C_{10}	0.007
	C_{11}	0.005
	C_{12}	0.051

6.2.3　综合评价模型的建立

综合效益评价指标体系中每一单项指标均是从不同侧面来反映综合效益的状况，因而须对总体状况（综合检修综合效益指数）进行综合评价，评价模型如下：

$$R = WY \tag{6.3}$$

式中：R 为 n 个综合检修案例综合效益评价结果向量，$R = (r_1, r_2, \cdots, r_n)$；$W$ 为 m 个评价指标的权重向量，$W = (w_1, w_2, \cdots, w_m)$；$Y$ 为 n 个案例各评价指标的无量纲化数据矩阵，$Y = (y_i)_{nm}$。成本型指标的值越低其效益越好，效益型指标的值越高其效益越高，因此，对于成本型的无量纲化指标的值做相应处理，以体现效益的正向取值。

6.3 综合检修综合效益的实证分析

6.3.1 实证数据

对 1000kV 长治站、500kV 雁同站、220kV 马军营的综合检修分别进行实证分析，有关支撑数据见表 6.8。

表 6.8 实证综合检修项目指标

综合检修项目	指标类别	指标名称	综合检修	常规检修	权重数值
1000kV 长治站综合检修	供电可靠性效益	非正常方式运行时间/h	240	360	0.234
		重复停电时间/h	0	0	0.078
	安全效益	安全风险分值	0.71		0.439
	经济效益	车辆台次（其他）	22	54	0.011
		车辆台次（作业）	80	180	0.030
		试验设备台次	130	130	0.018
		外委费用/元	300 万	420 万	0.076
		检修作业人员/（人·d）	450	1860	0.007
		安全管控人员/（人·d）	130	410	0.005
		大型机械利用情况	60%	40%	0.051
500kV 雁同站综合检修	供电可靠性效益	非正常方式运行时间/h	960	2880	0.234
		重复停电时间/h	0	0	0.078
	安全效益	安全风险分值	0.45	0.6	0.490

综合检修项目	指标类别	指标名称	综合检修	常规检修	权重数值
500kV雁同站综合检修	经济效益	车辆台次（其他）	130	410	0.011
		车辆台次（作业）	36	108	0.030
		试验设备台次	200	600	0.018
		外委费用/元	245万	325万	0.076
		检修作业人员/（人·d）	2115	4500	0.007
		安全管控人员/（人·d）	35	102	0.005
		大型机械利用情况	80%	50%	0.051
220kV马军营综合检修	供电可靠性效益	非正常方式运行时间/h	360	840	0.234
		重复停电时间/h	0	0	0.078
	安全效益	安全风险分值	0.42	0.58	0.490
	经济效益	车辆台次（其他）	50	150	0.011
		车辆台次（作业）	153	459	0.030
		试验设备台次	112	112	0.018
		外委费用/元	1577.8万	2320万	0.076
		检修作业人员/（人·d）	2400	5800	0.007
		安全管控人员/（人·d）	140	280	0.005
		大型机械利用情况	100%	50%	0.051

6.3.2　实证分析

按照分析模型计算，3个变电站综合检修和常规检修的效益对比数据见表6.9。

表6.9　　　　　　　　　　实证综合检修效益

综合检修项目	电压等级	检修模式	供电可靠性	安全效益	经济效益	综合效益 R
长治站	1000kV	常规检修	0.078	0.378	0.127	0.583
		综合检修	0.192	0.412	0.164	0.768
雁同站	500kV	常规检修	0.096	0.394	0.168	0.658
		综合检修	0.172	0.397	0.193	0.762
马军营	220kV	常规检修	0.147	0.358	0.125	0.63
		综合检修	0.233	0.455	0.179	0.867

根据1000kV长治站、500kV雁同站和220kV马军营三个不同电压等级综合检修项目实证计算结果可知，综合检修较常规检修在综合效益方面更优。其中，1000kV长治站综合检修项目，经济效益值偏低，但安全性方面质效显著。500kV雁同站供电可靠性及经济效益方面表现优异，但安全性方面风险较高。220kV马军营站在供电可靠性、安全效益和经济效益三方面均衡且水平较高，因此综合效益值较高。

6.4　综合检修安全分析

综合检修的目标之一是"两减少"，由于采用"七三工作法"，减少了带电作业时间，相对而言，提高了检修人员安全效益。

6.4.1　安全投入产出模型

安全效益指安全水平的实现，对社会、国家、集体和个人所产生的效果利益。从安全效益的表现形式看，安全的直接效益是人的生命安全和身体健康的保障和财产损失的减少，这是安全减轻生命与财产损失的功能；安全的另一个重要效益是维护和保障系统功能（生产功能、环境功能等）得以充分发挥，这是安全效益的增值功能。

综合检修管理模式的安全效益可用公式（6.4）计算：

$$E_{项目} = \frac{\int_0^h \{[L_0(t) - L(t)] + I(t)\} e^{it} dt}{\int_0^h [C_0 + C(t)] e^{it} dt} \tag{6.4}$$

式中：$E_{项目}$ 为工程项目的安全效益；h 为安全工程项目的寿命周期，年；$L(t)$ 为安全措施实施后的事故损失函数；$L_0(t)$ 为安全措施实施前事故损失函数；$I(t)$ 为安全措施实施后的生产增值函数；e^{it} 为连续贴现函数；t 为工程项目服务时间，h；i 为贴现率（期内利息率）；$C(t)$ 为安全工程项目的运行成本函数；C_0 为安全工程设施的建造投资（成本）。

根据工业事故概率的泊松分布特性，在一般工程措施项目的寿命期内（三年滚动计划时期），事故损失 L、安全运行成本 C 以及安全的增值效果 I 均与时间呈线性关系，即有：

$$L(t) = \lambda V_L \tag{6.5}$$

$$I(t) = K t V_1 \tag{6.6}$$

$$C(t) = r t C_0 \tag{6.7}$$

式中：λ 为检修周期内的事故发生率，次/年；V_L 为检修周期内的一次事故的平均损失价值，万元；K 为检修周期内的安全生产增值贡献率，％；V_1 为检修周期内单位时间平均生产产值，万元/年；r 为检修周期内安全设施运行费相对于设施建造成本的年投资率，％。

$$E_{项目} = \frac{\int_0^h \{[\lambda_0 t V_L - \lambda_1 t V_L] + K t V_1\} \mathrm{e}^{-it} \, \mathrm{d}t}{\int_0^h [C_0 + r t C_0] \mathrm{e}^{-it} \, \mathrm{d}t} \tag{6.8}$$

积分得：
$$E_{项目} = \frac{\{[\lambda_0 h V_L - \lambda_1 h V_L] + K h V_1\}}{C_0 [(1 - \mathrm{e}^{-hi})/i] + r h C_0}$$

$$\frac{\{[1 - (1 + hi)\mathrm{e}^{-hi}]/i^2\}}{\{[1 - (1 + hi)\mathrm{e}^{-hi}]/i^2\}}$$

分析可知，λh 是检修周期内的事故发生总量；$h V_1$ 是检修周期内的生产增值总量；$r h$ 是检修周期内安全设施运行费用相对于建造成本的总比例。

6.4.2 安全投入产出模型的实证分析

根据对 13 个典型综合检修项目的综合成效分析，得到以下数据（不失一般性，做出以下假设）：

（1）综合检修与常规方式相比，减少人员现场作业时间 58％（综合 578h/常规 1393h）。

（2）假设直接参与综合检修员工 200 人。

（3）滚动综合检修周期 3 年。

（4）假设常规检修的事故发生率为 1，综合检修事故发生概率为 0.42（经验值）。

（5）假设当地平均人均工资 5.5 万元（2014 年）。

（6）估算当地平均人均损失价值 44.5 万元（2014 年），包括工资、医疗费。

（7）估算人年均生产效益 40 万元。

（8）工程运行费每年约为建设投资额的 5%。

（9）资金利率为 7%。

由于安全投入主要是由采用综合检修模式，安全环境得到改善，属于技术进步带来的经济效益。因此，采用柯布－道格拉斯生产函数：

$$Y = aK^{\beta_1} L^{\beta_2} \tag{6.9}$$

式中：Y 为产出增长率；a 为科技进步率；K 为资本增长率；L 为劳动增长率；β_1 为资本产出弹性系数；β_2 为劳动产出弹性系数，$\beta_1 + \beta_2 = 1$。

根据正规化法估计的科技进步率 $a = 1.9449$，资本产出弹性系数 $\beta_1 = 0.5941$，劳动产出弹性系数 $\beta_2 = 0.4059$，计算人均累计安全投入约为 $C_0 = 0.15$ 万元。

根据项目效益计算式，对应的参数值分别为

$$\lambda_1 = 42\%$$

$$\lambda_0 = 58\%$$

$$V_L = 5.5 + 44.5 = 50(万元)$$

$$kV_1 = 20 \text{ 万元／人}$$

$$h = 3 \text{ 年}$$
$$i = 0.07$$
$$r = 0.05,$$

因此这次综合检修项目的安全效益为

$$(1 - e^{-hi})/i = 2.7059, \quad [1 - (1 + hi)e^{-hi}]/i^2$$
$$= 3.917$$

$$E = \frac{[hV_L(\lambda_0 - \lambda_1) + KV_1 h] \times 3.917}{C_0 \times 2.7059 + rC_0 \times 3.917}$$
$$= 3.77965$$

由于 $E = 3.77965 > 1$，说明作为一种管理投入，电网设备综合检修模式的采用作为一种管理投入大大提高了安全效益。

6.5　综合检修成本费用管控

综合检修的直接经济效益有目共睹，十分明显，主要体现在停电时间的减少、人员带电检修工时的降低、车辆设备的一次性调用、专业化程度高、便于整体运作等方面。其间接经济效益有安全生产带来的效益、社会停电减少和服务质量提高的效益等。

6.5.1　经济效益指标分析

（1）检修资源利用方面，检修人员、大型机械和车辆的利用程度明显提升，检修人员将更多的精力放在检修工作中，常规检修中存在的重复协调组织、奔赴现场、作业准备等现象，随着综合检修的深化应用将逐步减少；大型机械和车辆由于检修范围和停电范围的有序扩大得到充分利用，为提升作业效率和降低检修人员的作业强度发挥积极作用。

（2）检修效率及完成方面，检修作业的核心作业内容占比明显提高，检修过程中倒闸操作和安全措施的布置时间进一步压缩。同时综合检修项目执行过程中，能够执行更多常规检修无法安排的作业项目，其检修深度和广度决定了作业质效的优良。

（3）检修需求统筹及停电时间方面，检修需求的统筹很大程度上避免了重复停电带来的电量损失，且"两个减少""七三工作法"的工作管理特点，为减少电量损失提供了有力保障。

6.5.2　经济效益管控解决方案

从综合检修经济性相关指标的描述和分析可得，综合检修在经济性方面较常规检修具有较大优势，通过构建相应的模块能够定量分析项目的经济效益，包括作业成本库设计、作业成本计算、作业成本动态调整、标准预算分析和经济效益计算等内容，其中"成本过程管理"和"作业绩效评价"的双维控制是模型的重要特点。

（1）经济效益管控流程如图 6.2 所示。

（2）经济效益管控实体关系如图 6.3 所示。

（3）综合效益管控主要内容。

6.5　综合检修成本费用管控

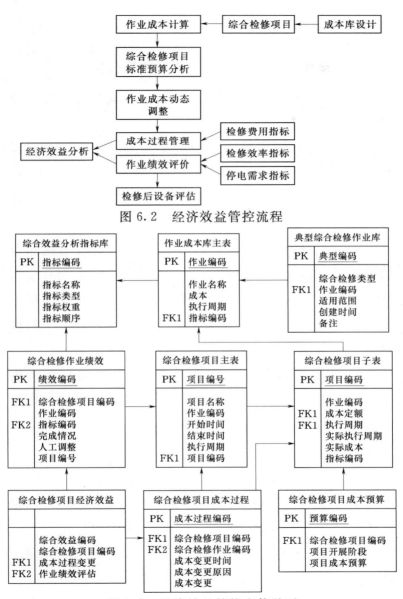

图 6.2　经济效益管控流程

图 6.3　经济效益管控实体关系

1）成本库设计。将综合检修中的具体工作，细化为单项作业，基于作业名称、成本、执行周期和分析指标等内容维度进行分类管理，为经济效益分析提供基础成本数据。具体包括作业成本库维护及典型综合检修项目维护等功能。

2）综合检修项目管理。主要实现综合检修项目各项基本信息管理，包括开展单位、地点、时间、类型、检修范围、涉及设备、参与专业、人数、车辆、检修物资等情况。

3）综合检修项目全过程信息管理。主要实现综合检修项目在前期准备阶段、停电实施阶段、后期总结评估等阶段对各项工作完成情况的记录，包括各阶段成本、效益分析指标完成数据，并在为项目效益分析提供基础数据的同时实现检修全过程信息记录展示。

4）分析指标管理。功能主要实现效益分析各项指标的分类管理，按照不同分析维度、分类、所属项目阶段等细化条件，对指标类型、指标名称、指标内容及指标权重等数据进行一体化管理。

5）综合检修项目维护。引用作业成本库中标准作业完成单次综合检修全部作业项目的定制和记录，同时实现历次综合检修项目的查询、统计和汇总分析。

6）作业成本计算。根据综合检修项目各作业情况，调用成本库中的标准作业成本，实现综合检修单一项目的成本计算，并累加形成综合检修项目的整体预算，与项目整体投资进行比较分析，为作业调整、周期调整和次序调整等成本动态调整提供辅助建议。

7）成本过程管理。根据综合检修项目各作业成本情况、执行过程成本动态调整情况以及各阶段完成情况，引入综合效益分析指标中的经济性指标（见 6.1.2 电网检修综合效益指标的制定）对成本过程进行指标计算。

8）作业绩效评价。根据综合检修项目各作业完成数据、检修后设备评估数据等，引入综合效益分析指标中的社会性指标和安全性指标，对作业绩效进行指标计算。

9）经济效益分析。根据综合检修项目成本过程管理和作业绩效评价指标计算情况，结合指标权重关系，完成单次综合检修项目开展的经济效益分析。

10）综合检修成效统计。主要实现综合检修工作开展情况的经济效益数据展示，以表格、柱状图、饼状图、曲线图等方式多侧面展现综合检修工作开展情况，为管理人员决策提供辅助。

6.6 综合检修社会效益分析

要衡量电力企业社会责任履行水平，供电可靠性无疑是最为全面、客观的重要指标。将与可靠性指标相关的非正常方式运行时间、停送电倒闸操作时间、现场安措布置时间、检修人员现场作业时间等，作为检修工作社会效益分解指标，能够有效反映电力企业社会责任或社会效益。

综合检修作为检修模式的创新和升华，其上述指标较常规检修模式有较大提升：

（1）综合检修项目停电方式更加科学，与以往单间隔轮流停电的常规检修相比，单母、单变等电网非全接线方式运行时间大幅减少，由检修工作开展引起的非正常方式运行时间也大大减少。

（2）检修资源的集中和检修需求的合理统筹，使倒闸操作、安措布置工作量大幅减少，大大降低了误操作的风险。

（3）"七三工作法"的应用，将不需要停电的作业工序调整至停电前完成，最大限度的减少了停电工作总量和设备停电时间。

通过对 13 个典型综合检修的数据分析，与常规检修方式相比，实施综合检修共计减少倒闸操作项数80％（综合 13350 项/常规 94000 项），减少倒闸操作时间 86％（综合 120h/常规 880h），减少安措布置时间91％（综合 20.5h/常规 235h），减少人员现场作业时间58％（综合 578h/常规 1393h）。

6.7　本章小结

本章介绍了综合检修的效益分析和论证。按照综合检修效益指标设置原则，提出了社会、安全和经济三方面的效益分析指标，构建了综合检修安全效益和经济效益模型，并进行了实证分析。同时综合以上各方面因素，构建了综合效益评价结构模型，并分别赋予安全、检修质效和损失电量三个变量的权重，结合三个变量的取值，可以对计划制定的优劣进行预评估，对马军营等案例的检修结果的综合效益进行实证分析。

第7章 结 束 语

为方便读者研究本书内容，将本书的主要论述内容梳理如下。

7.1 主 要 内 容

（1）从国家电网的检修管理和技术实施两个层面梳理并分析了管理现状和交直流大电网各电压等级的技术特点，提出综合检修在交直流大电网中应用研究的必要性。

（2）指出了综合检修的定义及意义，与常规检修的关联关系。综合检修（Integeration Maintenance，IM）是检修工作的一种组织管理模式，是以电网主设备的状态或定期检修周期为基准，统筹例行检修、消缺、大修、技改、辅修、基建、用户、市政等停电需求，以"整站、多线，分级分片"为主要停电方式，全方位地制定检修计划、实施方案、过程管控和后评估等的全生命周期的管理工作，旨在做到"一停多用"，实现一个检修周期内不重复停电和"两个减少"目标，确保人身、电网、设备安全。综合检修相对于常规检修的管理模式来讲，统筹停电需求的范围更多，停电模式也由"单线、间隔"方式变成了"整站、多线，分级分片"的停电模式，目的是"一停多用"；综合检修是三年计划和年度滚动调整相结合的管理工作；综合检修不适宜在一个检修周期内组织两次或多次，一次检修就要达到停电设备的全面检修，无死角，以保证"三年不大修"目标的实现；综合检修是聚集资源，突出了"七三工作法"和多部门多专业协同的精细化管理的系统工程；在综合检修管理模式中，从检修周期和检修规程导则方面结合了定期检修和状态检修的技术特点，在管理上得以升华和提高。

（3）对国网山西电力开展的综合检修工作和典型案例进行了梳理和分析。

国网山西电力从 2010 年开始至今，共开展了 88 次综合检修工作，其中交流电 1000kV 变电站 2 次，500kV 变电站 5 次，220kV 及以下变电站 81 次。对典型案例主要从项目概述、检修范围及统筹需求、项目实施过程、检修质效等方面进行了梳理和分析。总体来说，综合检修在山西全省范围内的开展，取得了明显的安全效益、经济效益和社会效益。综合检修管理体系随着在山西不同电压等级电网中的实施和完善，同时本书也对实践应用过程中存在的不足，给出了针对性提升完善的建议。因此已形成并具备了在交直流大电网中的应用推广基础。

（4）对综合检修在交直流大电网中的应用适应性进行了研究，分析了容易出现的问题，并进行了实证分析

从国网山西电力的多年实践出发，结合对交直流大电网各电压等级的技术特点分析，得出了综合检修的组织管理方法对于交直流大电网中各个电压等级变电站的检修工作能够得以适应的结论。建议交流 1000kV 变电站采用"整站多线"、直流 ±800kV 变电站采用"双极全停"、交流 500kV 采用"分级分片"、交流 220kV 及以下变电站采用"整站多线"的停电方式，做好专业协同和跨区域的协调工作，聚集资源，利用"七三工作法"，以达到在一个检修周期内"两个减少"的目标。但是，方法适应性不代表具体实施计划和方案的可行性，为此分别从检修计划、资源管理、安全性分析予以论述，找出问题，提出具体可行的管理措施。进一步用综合检修效用模型对制定的计划或执行的结果予以定量的适应度评价，以检修设备的同停时间为主变量，计算其适应度。以马军营等实际综合检修为例，进行了实证分析。

总结以上几点，得出综合检修开展的原则如下：

1）综合检修管理模式理论上适合于交直流大电网各个电压等级设备的检修工作。

2）根据资源情况决定综合检修范围，不要求多贪大，应在 2～3 个电压等级内开展工作。

3）在一个检修周期内，只开展一次综合检修。

4）适应度低于 75％时，设备同停时间过长，不宜开展综合检修，或应在优化项目方案后，使得适应度提高至 75％以上。

（5）研究综合检修在交直流大电网中应用的协同机制、管理制度和工作流程。

在交直流大电网中开展综合检修管理工作，尤其是开展跨省市跨区域的综合检修，建议树立大项目管理的理念，由国家电网统一协调和管理，涉及的省市公司积极参与，统一围绕高电压等级的综合检修目标，统一制定检修计划，统一部署，协调资源，前后衔接，专业归口，在人身设备和电网安全的前提下，实现"两个减少"的目标。提出要总结经验，搞好后评估工作，根据超高压电压变电设备的特点，结合电网未来的结构，探索更适宜的检修周期，使得电网设备实现"一年不消缺，三年不年度检修，五年不技改"的检修目标。提出了根据各个电压等级设备的综合检修工作流程建议，对于省市公司内开展综合检修工作，建议参考国网山西电力的协调机制、管理制度和流程，根据本省实际予以修改完善。

（6）构建了综合检修在交直流大电网的综合效益模型，进行了实证研究构建以供电可靠性、安全效益和经济效益为主要评价指标的综合效益模型，以层次分析法得出三个因素的权重系数，对综合检修计划或检修后进行定量分析评估，结合马军营综合检修案例，进行了实证评估。综合效益模型中的安全效益体现了人身、设备和电网安全的重要性；供电可靠性体现了"应检必检，检必检好"的执行程度；经济效益指标体现了电量损失以及人机车财的使用经济性。综合效益模型能够综合反映其成本费用，当综合效益值趋近 1 则效益较高，相反当综合效益值偏低时，可以针对性地寻找计划中三方面因素各自存在的问题，优化检修计划，以提升综合检修综合效益。单从安全效益分析，构建了安全投入产出模型，表明了紧抓安全不放松，继续进行有效投入，使安全效益增值。单从经济效益分析，构建了成本费用管控解决方案，包括作业成本库设计、作业成本计算、作业成本动态调整、标准预算分析和经济效益计算等内容，其中"成本过程管理"和"作业绩效评价"的双维控制是解决方案的重要特点。从社会效益方面分析，综合检修提高了供电可靠性，减少电网非正常运行时间，履行了应负的社会责任，统筹社会用电需求，为经济社会可持续发展做出贡献。

7.2 结 论

（1）综合检修是检修工作的一种全新组织管理模式，适应于在交直流大电网中推广应用，并能产生更好的综合效益。

（2）综合检修模式对检修的组织管理工作提出了很

高的要求，应做到计划缜密，资源有效管理，多专业配合，横向协同和纵向贯通，充分利用停电模式的改变带来的检修工作的安全和便利，做到"应检必检，检必检好"，实现"一年不消缺，三年不年度检修，五年不技改"的目标。如果综合检修计划或实施结果满足不了以上条件，则不能适应综合检修的基本要求，本文构建了效用模型计算其适应度，以给出适应性的定量分析标准，并进行了实证评估。同时提出了综合检修在交直流大电网中的开展原则，提出了如何建立协同机制、完善管理制度和流程的建议。

（3）综合检修在交直流大电网中综合效益分析方面，构建了以供电可靠性、安全效益和经济效益三大类指标为评价指标的综合检修效益模型，进行了实证评估。构建了安全管理投入产出模型，进行了实证分析。提出了综合检修成本费用管控解决方案，建议建设指标管理、成本管理、预算分析和作业绩效评价等模块的信息化系统，产生更好的社会效益。

7.3　建　议

7.3.1　对管理层公司的建议

（1）尽快建立综合检修管理体系。应建立统一的协同工作机制和管理制度，嵌入到管理流程之中，成为在国家电网公司范围内中广泛开展综合检修工作的管理指导文件。

　　建议管理层公司结合实际情况，制定新的制度和流程，充实综合检修体系的内容，建立可操作的管理规则和评估方法，提升认识，推动综合检修的普及。

　　对于跨省市、跨区域的大电网特高压等级的综合检修工作，按照项目管理方法，建立项目组织机构，建立沟通机制，协同交直流特高压变电站（换流站）的送受端变电站同时停电检修，统筹相关停电需求，统一按照综合检修项目运作规范完成每个阶段任务，实时收集信息，实时监督，并做好后评估工作。

　　（2）建立综合检修数据应用中心。应构建综合检修管理数据库，完善运检数据中心建设，做好 ERP、PMS 和 OMS 等系统的数据接口，接入智能电网管理数据。基于数据审核和挖掘机制，建立指标化数据库，为进一步探索研究提供数据支撑，并为综合检修优化提供辅助决策。

　　综合检修现场数据繁杂，且不易提取。因此建议在已有数据中心的基础上建立综合检修数据应用中心，与现有 ERP、PMS 和 OMS 等系统做好接口，实时进行数据交换，规范应用数据指标体系，做好数据的标准化和数据整理工作。基于数据中心，构建综合检修辅助决策系统，提高数据应用的价值，为各级管理人员、各个专业的应用和决策提供服务。数据应用中心是面向综合检修管理工作的，主要功能包括综合检修工作所涉及的项目管理数据，要求范围边界清晰，防止垃圾数据或无用的数据进库，真正起到"应有尽有，有必可靠"的数量和质量标准。

综合检修辅助系统要满足项目管理各阶段的需求：①配置界面友好操作性强的计划编制和调整工具，通过人机对话的方式，快速编制和调整计划，计算最佳停电时间，按照"七三工作法"得出停电前后的工期安排图，做出人工设备资源使用计划，进行综合检修适应度计算和综合效益预估，网上提交计划方案。②统筹各方需求，实现网上审核和平衡计划功能，发挥数据应用中心作用，可调用相关数据比对审核计划，实时平衡调整计算，测算最佳停电时间，方便做出跨省区跨区域的时间前后衔接要求，科学制定平衡计划方案。③在统一的综合检修计划实施过程中，可通过项目进度、财务和质量信息模板，实时提交项目数据，协调资源以解决项目中出现的问题，提升项目数据透明度，确保项目进度和质量。④应具备后评估模块，对每个综合检修项目进行后评估，建立档案，以便查询和统计分析。

（3）加强后评估指标体系的完善。综合检修后评估工作用于科学验证综合检修计划执行的完成度和质效优劣。可行、合理的指标体系是后评估工作的有效保障，能够为综合检修执行提供定性定量的分析，并引入设备检修后期跟踪评价。应建立持续改进工作机制，提高综合检修整体工作质效，全面促进管理提升。规范综合检修项目的后评估分析，将评估结果与项目执行单位绩效挂钩，实现科学评价，确保奖惩分明，使综合检修的效益趋向最优。

（4）建立网上运检服务大厅。利用"互联网＋电网运检"的先进理念，建立依托于互联网技术的网上服务大厅，畅通信息安全交互渠道，促进运检信息向用户公开，加强与电厂、市政、大用户、公用设施、各地区电网、外包单位的联系，及时反映综合检修所出现的问题，平衡各方需求，及时消化矛盾，吸纳建议；为企业提供先进的停电计划编制工具，实现网上申报、审核、平衡；为用户提供便捷、有效的检修信息查阅，实现停电计划安排的预知，提升服务质量，强化电力企业社会责任履行。总之，网上服务大厅，以服务为宗旨，建议具备服务指南、信息公开、微信发送、统计分析、热点追踪、解疑答惑、经验介绍、管理咨询、征集民意、投诉办理等实用模块。

7.3.2 省公司层面的优化改进建议

（1）继续深化和完善综合检修管理体系。面对目前存在的问题，完善协同机制和管理制度，根据实际应用不断完善综合检修管理流程，不断创新，精细化管理，发挥综合检修管理标杆作用。

进一步研究综合检修管理的内涵，从细节入手，针对每一个综合检修实例，分析检查计划是否缜密，资源协调是否到位，是否运用"七三工作法"，是否开展设备会诊，是否达到了"两个减少"的目标，结合后评估工作对设备检修状态进行跟踪，对实例进行全方位的评价，总结经验，吸取教训，解决协同机制难题，完善制度规范，细化流程，只有这样，才能丰富管理内涵，使得综合检修管理模式更具生命力。

（2）不断探索研究适应电网发展趋势的综合检修模式。在本省范围内广泛开展特高压交流和直流输电工程的综合检修工作，不断探索和丰富管理经验，根据大电网结构发展变化特点和智能电网的发展趋势，提出建设性的符合实际的综合检修周期和检修模式，产生更大的安全效益、经济效益和社会效益。

对于大电网综合检修工作的开展，面临着电网结构复杂、特高压直流综合检修经验不足等问题，借助于山西电网为全国特高压电网枢纽的特殊地位和有利条件，开展试验分析研究，总结经验，做好新技术人才储备和培训工作，充实资源，用综合检修管理理念渗透到大电网综合检修的各个细节当中，不断探索，不断创新。同时适应形势发展，在"电力外送"配合"经验外送""知识外送"和"人才外送"的前提下，推动综合检修在全国交直流大电网中的应用普及和深化。

（3）建议开发辅助决策系统。在综合检修理论研究的基础上，构建和开发综合检修决策辅助支持系统。对综合检修策略及方案进行编制、评价和优化，并进行综合检修项目效益分析。

向管理要效益，离不开辅助决策系统。综合检修管理模式的研究和实施，涉及的方面很多，需要考虑安全因素，考虑损失电量经济性因素，考虑计划的编排和效益评估等问题，是一个大的项目管理系统。凭经验决策可用但不科学，应提供综合检修实时分析调整系统，以辅助领导决策。

辅助决策功能是在运检数据应用中心之上建立数据应用中心，包含设备明细库、成本核算库、安全风险等级表、综合检修知识库、指标库、定额标准数据库、作业工期库、基础地理信息库等。决策系统包括成本预算分析模型、计划编制模板、计划进度模板、计划调整模型、适应度效用函数和效益评估模型等，通过人机对话方式实时变更参数，实时变更计划，实时进行效益评估，辅助各级管理人员和各专业快速高效进行决策。

（4）开展综合检修信息化建设。信息化是搞好运检工作的重要推手，做好运检数据应用中心和网上服务大厅的可行性研究，以快速原型法搭建所见即所得的系统原型，提供决策者直观可操作性强的功能界面，尽快发挥信息化在综合检修管理工作中的效用。

信息化工作不是一蹴而就的事情，需要制定目标和建设内容，需要分析现状和需求调研，需要设计和开发、测试、试运行等各个阶段的工作。进一步开展数据的归纳整理和指标体系的建立工作，建设适用于综合检修管理实际需要的数据应用中心；开展网上运检服务大厅试点应用，促进电力企业与用户沟通，为综合检修进一步统筹需求，取得各界积极参与和配合提供技术手段。

综上所述，国家电网公司紧紧围绕"十三五"电网规划总体目标，加大"五大体系"建设步伐，在系统内全面开展综合检修工作，不断探索研究新网架结构特点，总结丰富新的管理内涵，并配合信息化的建设，提高工作效率，科学制订计划方案，有效决策，将会在电网检修工作中产生更大的安全、经济和社会效益。

术 语 解 释

●定期检修

定期检修（Time Based Maintenance，TBM）又称预防性检修，是以时间规定为特征的计划检修，是依据经验掌握设备平均故障率后，确定固定检修周期和检修等级的计划性工作。其特点是：检修规程、制度统一，检修项目统一，检修间隔统一，检修工期统一，到期必修。

国家电网公司所辖直流换流站和特高压交流变电站采用每年定期检修方式。

●状态检修

状态检修（Condition Based Maintenance，CBM）又称预知性检修，是指设备或系统即将到达破坏临界状态时的检修。

国家电网公司所辖 750kV 及以下电压等级变电站采用状态检修方式。

●综合检修

综合检修（Integeration Maintenance，IM）是检修工作的一种组织管理模式，以设备的状态评价结果或定期检修周期为基准，统筹基建、用户等停电需求，集中开展多设备、多专业、多方位的联合系统性检修。

●交直流大电网

交直流大电网在本文是指国家电网公司负责运营的以特高压电网为骨干网架，各级电网协调发展的交直流网络。

●七三工作法

七三工作法是一种减少人员现场作业时间的具体工作方法，指将70％时间和精力用在停电前的准备阶段，将30％精力用在停电后的实施阶段。其核心在于，对所有作业项目的工艺和流程进行梳理，改进工艺，调整流程，停电后通过使用先进机械、工器具、仪器、仪表，改变检修方式等提高作业效率，在减小劳动强度的同时减少停电后的工作量，做精做细现场工作，从而缩短现场作业时间。

●两个减少

两个减少指减少电网非正常停电时间、减少人员现场作业时间。两个减少的根本点是为了安全，减少时间不是加快工作速度，而是要合理安排工作，充分利用停电时间，更加认真细致地做好现场工作，要综合统筹基建、生产、电厂、用户等总体工作，减少无效停电时间，降低人员现场工作和电网非正常运行所带来的风险。

●不重复停电

综合检修工作按照"应修必修，修必修好"的原则，确保一次、二次设备无检修死角，缺陷消除无遗漏，"一年不消缺、三年不年度检修，五年不技改，站容站貌焕然一新"，保证一个检修周期内设备安全，最大限度减少停电次数及重复停电。

●一个检修周期

按照输变电设备状态检修试验规程和各类设备状态检修导则规定，根据所辖变电站数量以 3～5 年（最长不超过 5 年）周期，合理安排每年综合大检修变电站数量，对输变电设备进行一次全面彻底的停电例行检修和试验。

附表 1 网省公司综合检修系列流程

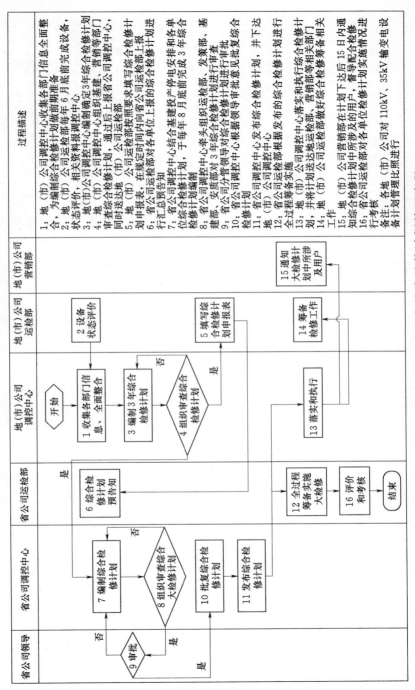

附图 1.1 220kV 及以上输变电设备综合检修管理流程

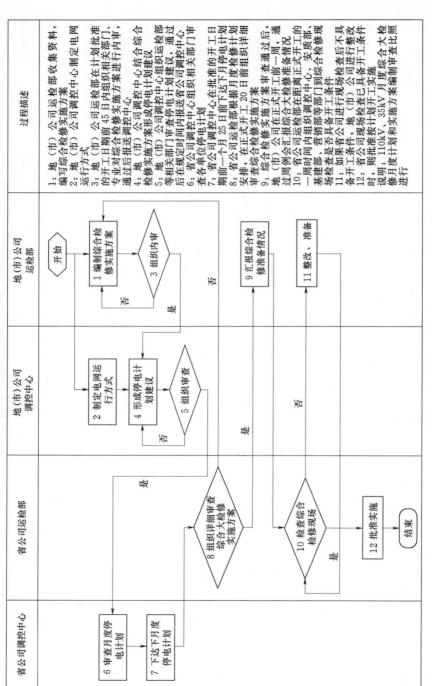

附图 1.2　综合检修月度计划和实施方案编制审核流程

省公司调控中心	省公司运检部	地（市）公司调控中心	地（市）公司运检部	过程描述

1. 地（市）公司运检部收集资料、编写综合检修实施方案
2. 地（市）公司调控中心制定电网运行方式
3. 地（市）公司运检部在计划批准的开工日期前45日内组织相关部门、专业对综合检修实施方案进行内审，通过后报送调控中心
4. 地（市）公司调控中心结合综合检修实施方案形成停电计划建议，通过相关部门审查后报送省公司调控中心
5. 地（市）公司调控中心按省公司调控中心规定时间内报送省相关部门审查
6. 省公司调控中心在批准的开工日期前一个月25日前下达月停电计划
7. 省公司运检部根据月度停电计划安排，在正式开工前一周，组织综合检修实施方案审查
8. 综合检修实施方案审查通过后，通过周例会形式组织到距离正式开工的地（市）公司现场检查综合检修准备情况
9. 地（市）公司运检部汇报综合检修准备情况
10. 如果省公司现场检查后不具备开工条件，营销部等开工条件不具备综合检修现场开工条件
11. 如果省公司现场检查开工条件具备，则批准按计划开工实施
12. 省公司具备综合大检查比照 110kV、35kV 月度综合大检查比照

说明：110kV、35kV 月度综合大检修月度计划和实施方案编制审核流程进行

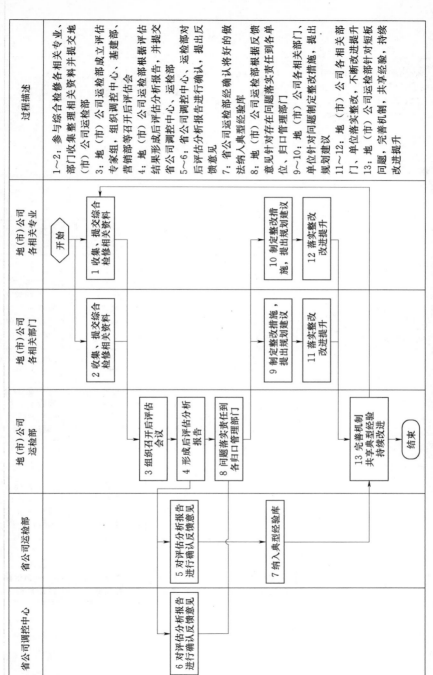

附图 1.3　输变电设备综合检修后评估流程

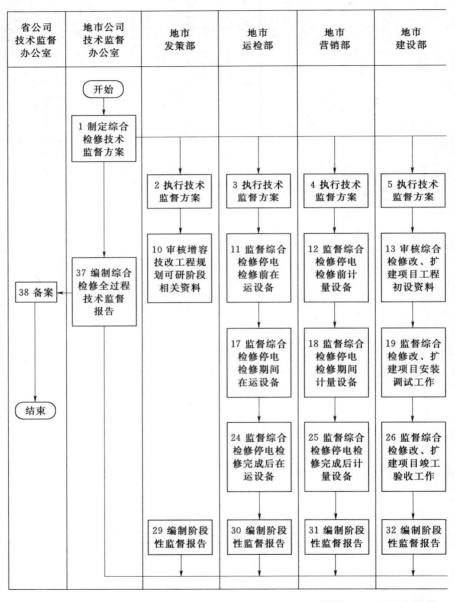

附图 1.4 综合检修

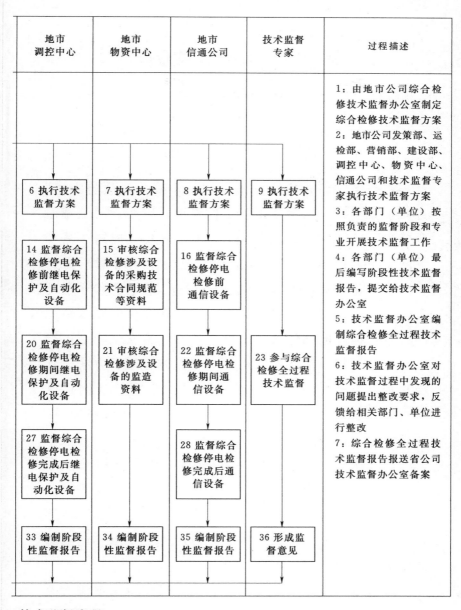

地市 调控中心	地市 物资中心	地市 信通公司	技术监督 专家	过程描述
				1：由地市公司综合检修技术监督办公室制定综合检修技术监督方案
6 执行技术监督方案	7 执行技术监督方案	8 执行技术监督方案	9 执行技术监督方案	2：地市公司发策部、运检部、营销部、建设部、调控中心、物资中心、信通公司和技术监督专家执行技术监督方案
14 监督综合检修停电检修前继电保护及自动化设备	15 审核综合检修涉及设备的采购技术合同规范等资料	16 监督综合检修停电检修前通信设备		3：各部门（单位）按照负责的监督阶段和专业开展技术监督工作 4：各部门（单位）最后编写阶段性技术监督报告，提交给技术监督办公室
20 监督综合检修停电检修期间继电保护及自动化设备	21 审核综合检修涉及设备的监造资料	22 监督综合检修停电检修期间通信设备	23 参与综合检修全过程技术监督	5：技术监督办公室编制综合检修全过程技术监督报告 6：技术监督办公室对技术监督过程中发现的问题提出整改要求，反馈给相关部门、单位进行整改
27 监督综合检修停电检修完成后继电保护及自动化设备		28 监督综合检修停电检修完成后通信设备		7：综合检修全过程技术监督报告报送省公司技术监督办公室备案
33 编制阶段性监督报告	34 编制阶段性监督报告	35 编制阶段性监督报告	36 形成监督意见	

技术监督流程

附录 2　山西电网综合
检修管理办法

第一章　总　　则

第一条　综合检修是贯彻"安全第一、预防为主"方针，落实"三个不发生"工作要求，以实现"三遵循两减少"（遵循电力规律、科学规则和人文规约；减少电网非正常停电时间、减少人员现场作业时间）为目标，进一步完善检修管理组织体系，转变检修管理理念，开展多设备、多专业、多需求、多方位的联合系统性检修，提高电网整体供电可靠性和电网安全稳定运行水平，基于状态检修模式下的电网检修管理新方法。其核心是以电网设备状态评估为基础，全面整合例行试验、反措、大修、技改、迁改、基建等电网检修项目，开展整站（线）集中检修。

第二条　开展综合检修必须满足和遵循的基本原则：电网安全约束原则，状态评估原则，不发生 5 级及以上电网事件原则，区域分片原则，无检修时间窗口原则，统筹结合原则，设备单次停电原则，不限制用电负荷原则，全方位多级配合原则。

第三条　本办法适用于省调调度管辖范围内输变电设备综合检修的计划与实施管理。地调调度管辖范围内输变电设备综合检修管理办法，由各单位参照制定。

第二章　职责分工

第四条　省公司电力调度控制中心主要职责

（一）省公司电力调度控制中心是输变电设备停电计划的归口管理部门，负责组织、协调、督察各单位做好综合检修计划管理工作。

（二）负责牵头组织三年综合检修滚动计划的制定，统筹制定调管范围内输变电设备年度、季度、月度、周、日前停电计划。

（三）参与综合检修实施方案的审查工作，负责综合检修实施方案中停电计划、运行方式、二次系统设备检修项目的审查工作。

（四）牵头组织综合检修计划实施的考核与评估。

第五条　省公司发展策划部主要职责

（一）负责三年电网基建投产滚动计划编制工作。包括年度电网建设里程碑计划、虽未下达投资计划但已取得立项批复的电网建设项目计划、规划库内电网建设项目计划。

（二）负责收集和提供由省公司出资的线路迁改、新电源及大用户接入等重点工程的三年滚动计划。

（三）参与三年综合检修滚动计划的制定，配合完成年度基建投产停电计划的制订。

第六条　省公司运维检修部主要职责

（一）牵头组织各专业部门对综合检修实施方案进行审查，负责对输变电设备检修必要性及检修工艺、工期的审查。

（二）负责牵头组织制定和发布输变电设备检修标准工期。

（三）参与三年综合检修滚动计划的制定，配合做好年、季、月度停电计划编制工作，协调例行试验、反措、大修、技改、迁改、基建和用户工程的检修工作，负责牵头督察有关单位按期按质完成综合检修工作。

（四）负责全面核实检修工作内容，统筹调配全省各单位检修力量和试验设备，保障检修工作顺利进行。负责协调、督导各单位综合检修现场管理与实施工作。

第七条　省公司基建部主要职责

（一）负责提供当年及次年基建投产里程碑计划和电网运行设备停电要求。

（二）参与三年综合检修滚动计划的制定，配合做好年、季、月度停电计划编制工作。

（三）参与综合检修实施方案审查工作，负责新建工程接入施工方案初审，配合省公司运维检修部组织相关单位对实施方案及工艺、工期进行审查。

第八条　省公司安全监察质量部的主要职责

（一）参与综合检修实施方案及三措（安全、组织及技术措施）的审查工作，重点对其中的安全、组织措施进行审查把关。

（二）负责结合全年运维指标情况对综合检修计划提出合理化建议。

（三）负责组织开展现场安全督察和对各级负责人安全责任制落实情况进行监督和考核。

第九条　省公司营销部的主要职责

（一）负责收集和提供 220kV 及以上新装、增容业扩接入工程停电需求信息，配合配合做好年、季、月度停电计划编制工作。

（二）负责综合检修期间客户侧有序用电归口管理，负责高危及重要客户供用电安全归口管理。

（三）负责客户侧优质服务的归口管理，组织兑现停电信息公告承诺，检修期间因可靠性降低导致大量客户投诉时，向上级单位及时汇报原因并做好沟通解释工作。

第十条　省公司科技信通部的主要职责

（一）参与三年综合检修滚动计划的制定，配合做好年、季、月度停电计划编制工作，结合一次设备检修，组织编制通信设施检修计划。

（二）参与综合检修实施方案审查工作，负责审查涉及通信设备的实施方案和通信链路倒接方案。

（三）负责按照工程进度安排，组织按期建立或调整相关通信通道。

第十一条　省公司物资部的主要职责

（一）负责进行施工材料、设备、队伍等招标采购工作。

（二）负责监控设备到货情况，协调厂商确保施工材料、设备按期到货。

第十二条　地（市）公司调度控制中心主要职责

（一）负责收集和制定本单位综合检修计划。

（二）负责本单位综合检修年度、季度、月度、日前停电计划的整理和上报。

（三）负责本单位输变电设备停电计划的落实和执行。参与本单位综合检修实施方案的制定和审查。

第十三条　地（市）供电公司运检部门的主要职责

（一）负责牵头制定本单位综合检修实施方案，对本单位综合检修的实施进行全过程管理。

（二）负责收集本地区市政、公路、铁路、用户等迁改停电计划。

（三）参与本单位综合检修计划的制订。配合做好综合检修年度、季度、月度、日前停电计划的整理和上报。

（四）负责监督各生产部门严格按计划执行检修任务，牵头组织对年、月度综合检修执行情况进行总结和分析。

第十四条　地（市）供电公司基建管理部门的主要职责

（一）负责收集输变电设备基建工程等停电需求信息，编制上报检修计划。

（二）负责组织本部门管辖范围内输变电设备停电施工方案的编写及初审工作；并配合地（市）运维检修部组织相关单位对停电施工方案及工期进行审定。

第十五条　地（市）供电公司营销部门的主要职责

（一）收集本单位业扩接入工程、用户设备检修计划，协调纳入电网计划检修、电网建设改造停电计划的协同联动管理。

（二）负责检修期间客户侧有序用电管理，负责所涉及高危及重要客户供用电安全管理。

（三）按承诺时限要求及时公告检修停电计划，检修期间因可靠性降低导致用户投诉时，积极疏导并做好解释工作。

第三章　基　本　要　求

第十六条　以"两个减少"（"减少电网非正常方式时间、减少人员现场作业时间"）为出发点和落足点，坚持执行综合检修工作模式，在制定检修计划时注重全局性，在三至五年检修周期内，将例行试验、反措、大修、技改、迁改、基建等工作进行整合，有计划的按照整站（线）统筹安排检修工作，力争在整个检修周期内只集中安排一次检修。

第十七条　以"二十四节气"为节奏，统筹合理安排电网检修工作。在重大保电期，夏季、冬季无检修月期间不安排综合检修。在月度内，各地区安排检修计划力争做到所有检修项目总停电时间少于 20 天。省调在安排检修工作中，对于 3 天以上的相关联工作间需间隔 2 天安排，做到检修工作有张有弛，松紧有度。

第十八条　按照年度、季度、月度、周、日前 5 个时序逐步细化落实检修计划。年度计划执行偏差不过月，季度计划偏差不过旬，月度计划偏差不过周，周检修计划执行偏差不过日。

第十九条　各地区调控部门在检修计划管理系统上报申请前，应再次对检修项目、内容、检修元件、工期进行审核，确保所有应修工作落实到位。

第二十条　积极推进"工厂化"检修，努力做到整组设备整体更换，最大限度降低设备停电时间。

第二十一条　建立设备缺陷管理与设备检修计划相协调管理机制。各级运维部门要做好设备缺陷统计和管理，为制定综合检修计划提供基础支撑。

第二十二条　加强新投产变电站投运管理。在新变电站投产 1 个月后，根据运行情况安排变电站设备轮停消缺。

第二十三条　强化停送电协同管理，建立和完善电网计划检修、业扩接入工程、电网建设改造、客户设备检修停电计划的"四联动"工作机制。

第二十四条　加强一次、二次设备检修配合。在综合检修实施中，同步完成继电保护、安自装置、自动化设备、开关传动、通信通道测试等相关工作。

第二十五条　加强"检修"后评估分析工作。每项检修后 1 个月内完成要分析总结所辖设备"检修"开展情况，深入剖析检修工作安排情况、停电计划执行情况、检修工作成效、存在的问题、解决措施，不断积累工作经验，持续深化检修工作。

第二十六条　建立督导检查机制。各部门要加强对"检修"工作的跟踪指导，采用调研、交流、督导、检查等多种方式，动态掌握"检修"工作进展情况，及时发现和解决问题。

第四章　综合检修计划

第二十七条　省公司发展策划部应于每年 6 月 30 日前向运维、调控部门提出三年基建投产计划并每年滚动更新。

第二十八条　省公司运检部于每年 7 月 30 日前向调控中心提出三年技改停电检修计划并每年滚动更新。

第二十九条　省公司调控中心应结合基建投产停电安排和技改要求，于每年 8 月底前完成三年综合检修计划编制工作。

第三十条　各单位运检、基建、科信部门应于每年 9 月 30 日前，将下一年度检修计划及停电项目的资金到位、设备预计到位时间、初步停电方案等内容进行明确，并对项目进行重要性排序后报本单位调控部门。

第三十一条　各供电公司调控中心根据省公司三年

综合检修计划，协调本单位年度停电建议计划，于每年
11 月 1 日前报送省调控中心。省调控中心组织运检、
基建、通信等部门进行综合平衡后，于 12 月 31 日前下
达省调设备年度停电计划。

　　第三十二条　省检修公司及各供电公司调控部门于
每季度最后一个月 5 日前协调本单位负责运行维护的设
备季度停电计划，并形成停电计划建议后报送省调控
部门。

　　第三十三条　省调控中心于每季度最后一个月月度
停电计划平衡会中统一平衡下季度停电计划，当月 25
日前下达下季度省调设备季度停电计划。

　　第三十四条　各单位运检、营销、基建、科信部门
应于每月 5 日前将月度停电项目和大用户施工送电计划
的设备到位、施工协调、停电方案等内容进行明确，并
报送本单位调控部门。

　　第三十五条　各供电公司调控部门于每月 8 日前协
调本单位负责运行维护的设备月度停电计划，并形成停
电计划建议后报送省调控部门。

　　第三十六条　省调控中心于每月 15 日前组织召开
月度停电计划平衡会，协调省调设备月度停电计划，每
月 25 日前下达下月省调设备月度停电计划。

第五章　评 估 与 考 核

　　第三十七条　省公司、各供电公司要建立综合检修

工作后评估工作机制，对前期准备情况、施工工艺及流程的科学合理性、现场安全管控、多专业协调配合、实施效果、改进措施等方面进行全面评估，形成专题评估报告。

第三十八条 各单位要加强对非计划停电的管理和考核，减少非计划停电次数和时间，保证电网设备停电工作有序进行。

第三十九条 年度停电计划应以三年综合检修计划为依据，统筹安排各项工作，对年度、季度综合检修计划进行跨年、季调整及新增综合检修项目的视为调整计划。各单位调控部门对综合检修计划调整率（调整变电站数量/三年综合检修数量）和调整原因进行统计，并按照运检、基建和物资部门进行评估。调整原因分为三大类，即运检类、基建类和物资类。

第四十条 月度停电计划外新增项目，或对月度计划开竣工日期进行调整的停电计划视为调整计划。各单位调控部门对月度计划调整率（调整计划项目数/月度计划项目数）和调整原因进行统计，并按照调度、运检、基建和物资部门进行评估。调整原因分为五类，即电网安全约束类、运检类、基建类、物资类和天气类。

第四十一条 省调控中心对地区供电公司检修计划完成率、执行率、临修率、按时完成率等指标进行严格考核，通过纳入企业负责人业绩考核体系和调度计划专业工作评优体系，保证检修计划刚性执行。

第六章　附　　则

第四十二条　本办法自下发之日起生效。